光尘
LUXOPUS

懒人天才

做自在从容的生活者

[美] 肯德拉·安达 著

张世锋 译

THE LAZY
GENIUS WAY

Kendra Adachi

北京联合出版公司
Beijing United Publishing Co.,Ltd.

图书在版编目（CIP）数据

懒人天才 / （美）肯德拉·安达著；张世锋译 . —
北京：北京联合出版公司，2022.4
ISBN 978-7-5596-5835-7

Ⅰ . ①懒… Ⅱ . ①肯… ②张… Ⅲ . ①成功心理－通
俗读物 Ⅳ . ① B848.4-49

中国版本图书馆 CIP 数据核字（2022）第 013417 号

著作权合同登记号 图字：01-2022-0029

懒人天才

作　　者：[美] 肯德拉·安达
译　　者：张世锋
出 品 人：赵红仕
责任编辑：李艳芬

北京联合出版公司出版
（北京市西城区德外大街83号楼9层　100088）
北京联合天畅文化传播公司发行
北京市荣盛彩色印刷有限公司印刷　新华书店经销
字数110千字　880毫米×1230毫米　1/32　7.5印张
2022年4月第1版　2022年4月第1次印刷
ISBN 978-7-5596-5835-7
定价：59.00元

推荐序

在生活中，有一些瞬间在我们的记忆中留下了深刻印象，如毕业、求婚、结婚和分娩，因为它们以非常重要的方式影响了我们的生活。还有一些瞬间同样令我们印象深刻，在那些时刻，我们深深地感受着欢乐、震惊、激情或悲伤。但是，生活却是由无数平凡的瞬间组成的。当你生活在其中时，也许并不觉得有什么特别之处，但回首望去，一定会充满感激。它们并没有什么了不起可言，但正是这样无数个微小细碎的时光，勾勒出了属于你的生活模样。

2008年春天，我和丈夫约翰（John）正忙于打包家用物品，准备搬家到城市的另一头。除了疲于搬家以外，我还有别的烦恼——当时约翰才在当地教堂工作大约一年，我们有三个孩子需要养育，最大的才四岁。似乎我的生活方方面面都混乱不堪，而且充满变数，然而这种生活我已经忍受了好几个星期。

搬家的最后几天，家具都搬到了新房子里，但旧房子里还有最后一些东西需要打包：从冰箱里清理出来的调味品，散落在灶台上的垃圾邮件，放在饭厅里的无盖塑料桶，还有几个橱柜的抽屉装着一些过时的办公用品、缠结的电线和一些说不出名字的玩意儿。众所周知，搬家时，除了你想要的东西外，你还得带走旧房子里的"everything"（一切）。我早就想把剩下的物品全部烧掉，这样我们就无须打包和拆包了。但我没有点火，而是给一位朋友打了个电话。

当时，约翰正在新房子里带孩子，朋友过来帮我将旧房子里散落的最后一些物品打包，然后装上车。就算你只是一个不谙世事的孩子，你也会觉得我的这个请求相当鲁莽吧——那时我认识这位朋友大约才一年，我都不好意思邀请她到家里吃饭，更别说请她过来帮我将杂物从旧房子搬到新房子了。她一定会看见我凌乱不堪的生活，看到那些我舍不得丢弃的小玩意儿。除此之外，她还会看到我疲惫不堪、灰尘满面、正处在无助之中的惨况。

但是，她还是来了。我们俩默默地一起干活，将随意装着工具、冰柜物品和灯泡的无盖塑料桶搬到院子里，装上汽车。关于如何处理这些东西，她一句话也没有过问，这让我感到轻松多了。说实话，要是她问我，我可能会指着院子，然后给她一根火柴。面对这些令人尴尬的杂物，她没有对我指手画脚或提出任何意见，而是麻利地收拾，帮我整理装车，结束这最后的混乱。那天，让我印象最深的就是，她默默无言，亲切友好，镇定自若。

相信你已经猜出来了，这位朋友就是肯德拉·安达。虽然这是十多年前的事了，虽然在那个下午我与她没有进行任何有意义的对话，也没有发生什么传统意义上的重大事件，但是我却时常想起那个下午，即使现在想起来，仍然感到热泪盈眶。面对搬家这样的事，因为没有掌握"懒人天才法则"，我像傻瓜一样把自己折磨得疲惫不堪。对于要做的事情，我分不清轻重缓急，因此只能为凌乱的房间和混乱的生活而感到羞愧。

与此同时，对于开动脑筋，找到完成各项日常事务的合适方法，肯德拉是绝对的专家。不管是打包，还是举办宴会，她都能依照正确的理由，按照合适的顺序去做正确的事情。当然，有这样的朋友愿意帮我搬家，还能任由她看见我凌乱不堪的一面，这真是难得。可是我记得这件事还有更深层次的原因——她的爱心。面对我应付不了而她却非常擅长的事情，我自己失败得如此惨烈，而她却没有丝毫的冷嘲热讽，只是充满关怀。怀着一颗爱心，她就这样出现在了我的面前。

你手上拿着的这本书，就是这份爱心的体现。你之所以会拿起它，也许是因为你在做手头上的任务时需要帮助。她当然能为你提供帮助，但是如果没有推己及人的关爱之心，再有效的方法也难以让人接受。这本书的独特之处就在于作者融入书中的关爱之心，这也是我感激肯德拉写这本书的原因。

《懒人天才》会改变你的生活方式，不仅是因为书中的实用技巧，更重要的是它想要传递的理念。不管是打扫厨房，还是开始新的一天，成为懒人天才，不是指采用所谓"正确"的方式做事，而是指最终找到"你自己的方式"。这本书没有指导你把事情做好的空洞说教，也不会让你因自己的不足而感到羞愧。相反，它会鼓励你去决定什么对你来说才是重要的事情，摒弃其他不重要的事情。

距离搬家已经过去了十年。搬家后，我和肯德拉一起度过了许多美好时光，我再也不会在她看到我最糟糕的状态时感到尴尬。是肯德拉教会我关注重要的事情，摒弃不重要的事情，成为一个懒人天才。在你完全放弃自我，差点儿因眼前的混乱点燃房子前，放下手中的火柴，读一读这本充满爱心、活力四射的实用小书吧。

埃米莉·P. 弗里曼（Emily P. Freeman）

序言

　　我不喜欢跟孩子玩游戏。我的意思是，我会玩游戏，但我不愿意只是为了让孩子们高兴，就去反复推倒一排摆好的积木。[01]

　　庆幸的是，丈夫喜欢跟孩子们一起玩游戏。几年前的一个夏天，我们全家正在沙滩上度假，他想出了一个特别的游戏。他在沙滩上挖了一个特别深的洞，趴到洞口才能看见洞底。然后，他像狂欢节上玩杂耍的人一样情绪高涨，撺掇三个孩子用桶从海里打水来灌那个洞，并尽可能快地把那个洞灌满水。

　　孩子们不停地跑来跑去，打水，提水，然后把水倒进洞里。

　　但是，那个洞却一直没有灌满。

01　顺便提一下，我有三个孩子。萨姆（Sam）读四年级，迷恋电子游戏《水雷艇》（*Minecraft*）；本（Ben）读二年级，沉迷于临摹《蒙娜丽莎》（*Mona Lisa*）；安妮（Annie）还是学龄前儿童，喜欢黏着我。

倒进去的水都浸入了沙滩，好像在嘲笑他们白费力气。这仨孩子真是可爱的傻瓜，觉得这游戏挺好玩的，竟然玩了很长一段时间，直到一群海鸥吸引了他们。

然后，他们又跑去追赶海鸥。我看着那个空空如也的洞旁边丢弃的水桶，觉得那仿佛象征着我自己的生活——也许，也象征着你的。

这正是我们女人所做的事情。[01] 我们在沙滩上寻找一个可以挖洞的地点，然后环顾四周，看其他女人是否选择了相似的（或"更好的"）地点，尽力摆脱她们慈母般的耐心和比基尼式身材的影响。我们开始挖，希望沿着正确的方向将洞挖得足够深。这个洞通往何处？我们一无所知，但是管它呢。别人都在挖，我们也挖。

然后便开始用桶提水灌满这个洞。我们一趟又一趟地运"水"——用不同颜色标注的日历，"母亲"所代表的职责，膳食计划以及工作与生活之间的平衡。我们运"水"。我们灌"水"。我们大汗淋漓。我们看着那个空空如也的洞。

我们感到困惑不已。

别人是不是已经搞定了？我的洞挖得太深了吗？所有的水都去哪里了？

01　如果你是一位男士，希望这让你知道女人经常感到紧张的地方以及由于我们所处的社会文化环境，我们所感受到的各种压力。同时，感谢你阅读这本书，尽管我在书中肆无忌惮地使用了许多女性代词。

我们停下来喘息，揣测别人是否同样也感到了一败涂地。既要保持房间整洁，又要出色地完成工作；既要协调家庭关系，又要参与社会交往。此外，每周还要完成十五英里的跑步计划，没有人能做到，是吧？

在沉默中，我们给出了唯一的答案：不，只有我做不到。我需要振作起来。接下来，我们会采取各种改进措施：制订打卡计划，重新排期和进行网络搜索，直到最后我们感到疲惫不堪或患上肾上腺疲劳综合征，或者彻底放弃，回到度假屋，羞愧地喝下一杯玛格丽特鸡尾酒。

你也有同感吧？

你感到疲惫的真实原因

你感到疲惫，不是因为沙发上堆的要洗的衣服比别人的多，不是因为家里人都不关心你得在截止时间前完成工作，也不是因为你孩子所在的学校要求午餐里的葡萄必须是四等分。虽然要做的事情很多，但是你知道，让你感到疲惫的不只是你的待办事项清单。

你总是"在线"，试图做到时刻与家人同在，应对身边每个人的情绪，甚至去满足在邮局排队时遇到的陌生人的无声需求，然后用你仅剩的一点儿精力去满足自己的需求——如果你知道自己想要什么的话。

你的压力太大了。我熟悉那种感受，为了能够感觉到自己的生活处在控制之中，我花了多到说出来令人尴尬的时间去搜寻那些合适的工具，那一堆废弃的规划簿和高亮标注的自助书籍可以证明这一点。毋庸置疑，这些工具没有任何帮助。

一方面，我认为自己必须复刻一个"作家的生活"，尽管我不喜欢早早地上床睡觉，不喜欢每年去二十个城市，也不喜欢在重大活动中发言。

另一方面呢，我却依然梦想着能按照自己喜欢的方式生活。显然，我的待办事项清单不是问题，我的思考方式才是问题。

于是，我继续在读书时画出很多重要的段落，试图找到某种对我有意义的规划。将生活小窍门与醒世名言合理地结合起来，期望它们能缓解我由焦虑导致的失眠。然而，尽管我看完了很多书，画出了很多名言，也制订了很多计划，但是我仍然感到疲惫不堪。也许正是因为有相同的感受，你才阅读这本书。

是时候转换一下思路了——你需要的不是创建一个新的待办事项清单，而是一种看待事物的新方式。

为什么简化生活没有作用

为了缓解压力，最常用的方法就是：简化生活。少做事，少需求，减少上社交软件的次数；少承诺，把任务外包，学会拒绝。但是，你还得回馈社区，加入读书俱乐部，种植祖传西红柿，给自己的孩子准备食物，保持诱人的身材。如果你想维持婚姻，你还得晚上经常陪伴配偶。这样的生活简单吗？经验告诉我，婚姻、创业和园艺都特别复杂。

对于基督徒来说，简化生活的理念让人感到更加困惑。耶稣没有家人，只有挚友 12 人，餐食、夜宿全靠别人施舍。他在生活中只关注一个目标，其他都随意应对。但读到《圣经》后面的章节，我们会感到困惑。在"箴言 31"里，女性要日出前就起来，为家人缝制被单、枕套，在葡萄园劳作，还要臂膀有力。

谁能告诉我，我只需负责哪些事情，就能过好自己的生活?

没有哪个人告诉我们应该如何生活。这就是为什么简化生活绝不简单的原因。

我们需要一个过滤器，让我们在生活中只关注对我们重要的事情，而过滤掉那些只是"据说"很重要的事情。

亲爱的朋友，欢迎来到"懒人天才"的生活法则。

如何阅读本书

这将是你新的生活箴言：关注那些重要的事情，摒弃那些对你来说不重要的事情。

随着生活环境的改变，各种需求及其优先级随之发生改变。本书旨在为你应对这些变化提供有效的参考，为你提供话术和工具来为重要的事情腾出空间。

每章围绕一条懒人天才法则，给出了可以马上执行的方法。每条法则本身都会带来显著效果，但是，当你将每条法则都应用到日常生活中时，你会发现：这十三条法则相互交融，能够帮助你找到适合自己的解决方案，并识别出那些没那么重要的问题。

你可以快速地浏览本书，找到具体的操作步骤和有用的列表，然后，等时间充裕时，再深入阅读本书，为自己创造出一个空间，做最真实的自己。当你在日常生活中碰壁时，生活出现重大变化或感到忙碌的压力时，也希望这本书能够帮助你。

你将学会用更好的方法去洗衣服、完成工作和准备晚餐。听起来还不错吧！除了实用技巧外，你将学会拥抱一种生活，这种生活容得下成功与挣扎，充沛的精力与疲惫的身心，整洁的房间与简陋的膳食。这些都很重要，因为这些都是你生活的一部分。

不管你是在家里带孩子，还是在大办公室里奋斗，不管你感到孤独、无聊，还是处在忙碌之中，这本书都将帮助你认清重要的事情，抛弃那些不重要的事情，用懒人天才法则为你创造一个充满活力和平和的人生。

我们开始阅读吧。

目录

I　推荐序

V　序言

为"什么都想做好，却什么都没做好"的你，开启新生活

001　如何像懒人天才一样思考

少做事，做对事，才是正确的生活态度

013　法则一　一劳永逸的决定

别让反复、低效的"选择"浪费宝贵的时间

020　法则二　从小处着手

真正使我们前行的，是日复一日微小而持久的进步

042　法则三　提出魔法问题

做对关键的一步，为生活开启正向连锁反应

055　法则四　活在当下

如果陷于过去或未来无法自拔，那么眼前的美好也将随之消失

069　法则五　建立日常生活惯例

没有惯例的生活就像高空跳伞，有惯例的生活就像海上冲浪

084 法则六　建立家庭规则
家是港湾，不是战场

099 法则七　让每件物品归原位
你真正需要的不是极简主义，而是养成更好的收纳习惯

110 法则八　敞开心扉
让我们心怀信任、尊重、喜爱和善良，在这颗孤独的星球上互相陪伴

128 法则九　分批处理
速度快、效率高，大脑还能休息的做事方法

147 法则十　精要处理
真正的满足源于在生活中做减法，清除干扰，只关注重要的事

161 法则十一　按照正确的顺序做事
任何事情，只要遵循这三个步骤，你就会做得更好

176 法则十二　适时休息
每天、每周、每季都应当安排休息，不用非等到休假

191 法则十三　善待自己
想想你怎样对待自己心爱的朋友，就知道该怎样善待自己了

206 像懒人天才一样生活
用十三个法则，构筑精简生活

218 写在最后

221 致谢

如何像懒人天才一样思考

大学毕业后，我的第一份工作就是在高中时经常去的教堂里做事。数月前，我还在这里举行了婚礼。我的很多同事在我还未成年时就认识我了，而今我已经长大成人，成家立业。

我渴望证明，我已经长大了。

我们每月举行一次员工晨会，由员工轮流为每个人准备早餐。绝大多数晨会时的早餐，都是从食品店里买来的一些松饼、水果沙拉。我当时一直在想："要是由我来准备早餐，我一定做得更好。"

终于轮到我准备早餐了，这么急切倒不是为了显示自己的慷慨大方，而是想"我的"早餐将会成为晨会早餐的典范。如果让我当众说出这个狂妄的想法，我肯定会为此感到羞愧。但作为自以为是的完美主义者，我一心想的就是，超过别人，获得成功，得到赞美。毕竟，攀比和评判乃是成人之间常有的事情。

绝大多数同事都选择了结对准备早餐。但这不是我的风格。我要独自准备这场"盛宴"。在我看来，只有那些能力不够、资质平平的人才会找人帮忙。而外表自信、内心脆弱的人总是独来独往。

毫无疑问，完美是我的标准，只有食物精美是远远不够的。尽管我们夫妻二人囊中羞涩，但是我依然不惜重金从陶瓷谷仓（Pottery Barn）[01] 买了两只大浅盘，这样食物装在里面就会显得特别赏心悦目。因为教堂里的塑料桌布与新买的盘子看起来不搭，我还买了一块亚麻桌布与之搭配。我还买了一台在美食杂志《南方生活》（*Southern Living*）上登过广告的玻璃饮水器——因为完美的人绝不会用塑料桶来装饮料。当然，我还买了一些鲜花、高档纸巾——按照我的标准，你懂的。

至于早餐主食，我想起几周前在一位朋友家吃早餐的经历，所有人都被这位朋友做的法式夹心吐司所折服：这种吐司口感筋道，色泽金黄，绝对是我们吃过的最佳早餐。因此，早餐主食用这种吐司再好不过了。

但问题是，我不知道怎么做这种法式夹心吐司。我会做上好的意大利面酱，也会做近乎完美的巧克力薄片曲奇饼，但我的厨艺远未达到无所不能的程度。可以想见，当时我要是照着食谱来做，事情的结果也许就不是这样了。

01　陶瓷谷仓（Pottery Barn）是北美地区的家居连锁品牌，定位中端。——编者注

哎，我那时认为食谱也是为那些能力不够的人准备的。于是我在没有任何指导的情况下着手为三十个人做夹心吐司——而且不是只做一种吐司，我还要做两种不同的吐司。

如果你们不了解如何烤制法式夹心吐司，那么我先简单地介绍一下。首先，做一个三明治：拿一块类似布里欧面包的黄油面包，再把如奶酪、果酱或者巧克力酱这类美味的东西抹在面包里。然后，将这个三明治浸在由鸡蛋、糖和全脂牛奶做成的奶油冻里，再淋上热黄油，然后放在烤箱中烤制，直到面包变得酥脆金黄。最后，淋点儿糖浆或撒点儿糖霜，用叉子或勺子送入口中。那滋味美妙极了。

而我是这么做的。

第一种"法式夹心吐司"：在沃登面包[01]中间涂上美式奶酪，再把这些面包摆起来放到烤盘里，也就是一块接一块地堆起来。就这么简单。

第二种"法式夹心吐司"：仍然用万能的沃登面包做了奶油干酪和覆盆子果冻三明治，同样摆起来放到烤盘里。

然后把烤盘放进烤炉，开始烤制。

整个过程中，我没有放一个鸡蛋，也没有放一根黄油棒。本质上来说，我只是加热了这些奇怪的三明治，还幻想自己就是厨艺女神玛莎·斯图尔特（Martha Stewart）。把三明治从烤炉里端出来后，我

01　沃登面包（Wonder Bread）是一种切片白面包。——编者注

发现跟我的朋友做的有点儿不一样：兴许这是一件好事，说明我做的比朋友的好呢？我把这些三明治切成三角形，放在那些漂亮的盘子里。但盘子再漂亮，也无法改变这些三明治难吃的事实。

一小时后（回想起他们当时肯定因为难吃的早餐而反胃的事实，我无地自容），员工晨会开始了。我坐在房间的后排，希望别人不会注意到我——倒不是因为难为情，而是因为不想让大家察觉到我的小心思："我想让他们知道"这次早餐是我的烹饪杰作。

看着我的朋友和同事排队领早餐，我坐在桌边，"谦逊地"等着赞美之辞如潮水般涌来。

想必你也能猜到，这一幕并没有发生。

那天的早餐太难吃了。我的意思是，真的很难吃。我感觉到了房间里弥漫的失望，还有大家碍于情面不好处理这份早餐的尴尬。因为他们在感谢完准备早餐的神秘大厨后，还得去吃一些燕麦卷来充饥。

也许我差点儿因这次早餐闹剧而辞职有点儿小题大做，但这个反应大致上反映了我当时的沮丧。我为此感到很丢脸。我试图给人留下深刻的印象，向所有人展示我能做到一切：布置了完美的餐桌，做了完美的早餐，以完美的谦逊姿态接受了他们的赞美之辞。然而，我却差点儿让大家食物中毒——因为我把太多的精力花在了不该关注的事上。

消耗我们生命的完美主义

当你在意一件事情时，你会努力把它做好。但是，当你在意所有事情时，你会什么事情都做不好——这又会驱使你更加努力，但是最终却使你精疲力尽。

如果你和我一样，并非天资过人，但又想努力做一个事事完美的人，就很有可能会如我一样失败。从理智上说，我们知道自己无法做好所有的事情，但我们仍然努力去做。最近十年，我做了很多自我反思和心理治疗，试图弄清楚为什么我总是想要将一切做到完美。

每个人的经历都不尽相同，而我的故事更是涉及虐待（我这么说确实有点儿唐突，接下来我将快速地介绍下我的经历）。父亲是我的家庭生活中的不定时炸弹。还在孩提时，我就明白我的每个选择都将关系我的安全。如果我安静乖巧，考试得高分，保持房间整洁，父亲就不会情绪失控。虽然我的行为并不总是与他的行为直接相关，但我把它当作是直接相关的。我将安全等同于价值和爱，从而将自己的表现视为评价自我的唯一标准。我认为，我必须做完美的女儿、完美的学生、完美的朋友，这样我才会显得重要。

我尽力做到令人满意，但父亲依然不停地对我说怎样才能做得更好。记得小时候，我总觉得自己一文不值，不明白他为什么认为我应该拥有金色而不是棕色的头发，不明白为什么我的全优成绩被认为是理所当然而不值得庆祝，不明白他和妈妈为什么如此不开心。我自然地以为这些都是我的问题，是我不够努力、不够完美，没有让我们家成为幸福的地方。这种觉得自己不够好的感觉让人窒息，而这种感觉也渗入了我与其他人的关系中。

我是每位老师最喜欢的学生。我总是早早地就做完作业，而且没有一个错误。我是最可靠的小队长、班长，每次标准化测试都能得99分。没有学生是完美的，但我几近完美，只因为我认为这是获得爱的唯一方式。

我也努力地成为完美的朋友。我从不招惹是非，自己的问题自己解决。在每一段关系中，我像变色龙一样迎合别人。没人知道我为父母离异而感到羞愧，没人知道我多么想变得漂亮，也没有人知道一点儿小错误就能让我崩溃。我甚至觉得，如果朋友看见我的不完美和支离破碎的内心，友情就会岌岌可危，而我决不能让这种事情发生。

这就是追求完美的讽刺之处：你建起一堵墙，想阻挡别人看到你的脆弱，但与此同时，也让别人更难了解你。我总是试图躲在"完美"的背后，因为我认为自己始终做得不够好。

也许你也有同样的感受。

我不是要多管你的闲事，但是你或许也对一些事情感到羞愧、恐惧或不安，并且花了很大的力气想要隐藏自己的感受。我们都会这么做，因为我们都是普通人。除了童年受虐这种阴暗的经历以外，许多经历都可能造成这种结果。但要记住，那些经历常常伴随着谎言，我们信以为真，对自己有了错误的认知。我们都曾有让自己在错误的事情上努力的经历，其结果却是，我们越努力，谎言越难以戳破。

"你太吵了，你占的地方太多了。"

"你太不像你姐姐了。"

"你和你父亲一模一样。"

"你不够聪明，不够漂亮，体格不够健壮。"

"她走了，这都是你的错。"

即使你年岁渐长，那些令人羞愧的想法和感受也不会因此消除，只是换了一种形式存在而已。

"你的厨艺不够好。"

"你竟敢不想生小孩。"

"你工作得太努力了。"

"你还没结婚，那你一定有什么问题。"

"你居然让孩子看电视，真是个糟糕的妈妈。"

"没人想和你做朋友。"

不管是想努力给人留下深刻印象，还是想隐藏或对抗那种反复刺痛你内心的羞愧感，所要付出的能量都会超出你的承受极限。若再加上洗衣服，轮流开车送大家上班等这些其他负担呢？还是放过自己吧。

如果努力不起作用，那你似乎就只剩下一个选择，那就是完全放弃。

不是每件事都值得拼尽全力

在教堂早餐失败后不久，我就彻底认输了。我再也不想给人留下深刻印象了。我再也不去努力了。我走向了另一个极端。我骗自己相信，人生只有两个选择：要么竭尽全力，要么完全放弃。我忘了，努力本身并不是问题。为真正重要的事情而努力，是一件美好的事情，而我却不分青红皂白，认为所有的努力都没有意义。

即使我喜欢下厨做饭，表达我对家人和朋友的爱意，可朋友来访时，我还是怕显得太尽心，于是选择了订比萨外卖。尽管家里保持干净整洁有助于我写作，可我嫌为此打扫卫生显得太努力了，就故意让家里变得乱糟糟的。

我再也不操心，再也不努力，但不知何故，我还是感到无尽的疲惫。

那时我并不知道，彻底放弃和完美主义同样让人筋疲力尽。不管是漠不关心、敷衍了事，还是循规蹈矩、追求完美，所消耗的精力相差无几。我借着"头发乱就乱吧，我不在乎"这种状态来掩藏自己其实很在意的事实。我一会儿过于在意错误的事情，一会儿又漠视任何事情，我需要用某种方法来阻止这种让人抓狂的摇摆不定。

庆幸的是，我找到了解决方法，那就是"懒人天才法则"——你可以去"在意"，你可以尽情"做自己"。不必苛求完美，也不必彻底放弃。

不再在无关紧要的事情上耗费力气，也不再畏惧为重要的事情而努力。

这才是拯救完美主义的真正良药。

并非只有困境才是真实的

我们的文化迷恋真实，而对于"什么是真实"，却一直在使用错误的评判标准。

当我敲出这些文字的时候，我的二儿子因患胃病在家休息。他和我女儿一起看电视，因为我懒得跟他们说话。我正在跟丈夫斗气，而且已经几天没有洗澡了。如果我在照片墙（Instagram，一款运行在移动端上的分享图片的社交软件）上分享这幅画面，你可能会想："我好喜欢她的真实。"

但是如果我分享另外一幅场景：我和孩子在户外踢足球，四点前就准备好了晚餐，而且我还化了妆——你觉得我还真实吗？

是的，我还是真实的，你也是真实的。

尽管已经不苛求完美，但是不知为何，我们潜意识里会将井然有序等同于弄虚作假。我也经常这样。我曾看见一位漂亮的妈妈推着小推车，车里有俩乖巧的孩子。这位妈妈佩戴的是乔安娜·盖恩斯（Joanna Gaines）精品店的全价饰品。我心里想："哼，她身体苗条，孩子吃的是蔬菜，而不是鲑鱼罐头。她买了我想要的东西，但是她说不定有饮食失调症，家里可能背着巨额的信用贷款，这么看来，我过得并不差。"[01]

但是，我不想再评判那些过得好的女人，不想假定她们隐藏了什么真相，也不想因为能够暴露她们脆弱的一面而去称赞混乱。

我们需要停止互相"虚构"彼此的生活，停止像选美比赛一样，把你的挣扎不安和我的困窘拎出来相互比较。正是这种存在于假想中的生活让我们变得如此疲惫。我们是时候停下来了。

所以下次当你发现自己在寻找那些看似完美的人身上的缺点，希望借此安慰自己时，千万别这样做。告诉自己你比别人过得好，和告诉自己你过得不如别人，是一样的伤人。我们不能根据一个人的困境有多么真切来衡量他的外表是否真实。这个标准是不对的。

相反，不管家里是凌乱不堪还是干净整洁，你都可以邀请别人到家里做客。虽然你有时会大声地训斥自己的孩子，但是也不妨碍你做一名令人称赞的妈妈。你可以喝一杯绿色的果蔬汁，但无须觉得必须发誓永远不吃甜品。

生活井然有序时，你是真实的；生活一地鸡毛时，你同样是真实的。生活就是二者兼容的美好存在。

只在重要的事情上做个"天才"

虽然我并不认识你，但是我知道，你也想过有意义的生活。我

---

01 如果这本书能插入动图的话，珍妮弗·劳伦斯（Jennifer Lawrence）一定在使劲儿瞪着我。

们都想过有意义的生活，这是人之常情。在当下盛行走捷径的文化中，人们都喜欢"速成"。但是，有意义的生活是无法"速成"的。

这本书的主旨，不是帮你成为一个事事都能做好的"天才"，也不是让你当一个什么事情都不上心的"懒人"，而是帮你成为"懒人天才"。

几年前，我在"懒人天才播客"（*The Lazy Genius Podcast*）做了一期关于烤制面包的节目。我收到了几十条评论，都表示："这听起来并不懒。"当然，这不是懒惰。我觉得自制面包很重要。亲手混合面粉，捏揉面团，然后整个下午看着面团发酵。数百年来，人们就是这么做面包的……我何必要简化这个过程呢？但是，如果你觉得自制面包并不重要，那就选择快速做好面包，然后快乐地享受这一天。

本书给出的懒人天才法则不仅帮你判断在哪件事上走捷径、怎么走捷径，还会教你如何找到重要的事情，并帮你在一天中留出必要的时间和精力来做这些重要的事情。

记住，不是全部抛弃，也不是全部选择。你必须做出一些抉择。如果我们在处理事情时，对要保留的事项和要摒弃的事项不做筛选，最后我们就会面临艰难的选择：要么疲惫不堪地应对所有事情，要么选择放弃，选择对一切都不在乎。

懒人天才法则为我们呈现了一个不一样的思路：关注那些重要的事情，抛弃不重要的事情。也就是说，我们在重要的事情上努力做一个"天才"，在不重要的事情上安心地做一个"懒人"。

无论你选择做什么，请确保你关注的正是对你来说重要的事情，而不是对别人、对你的婆婆或对"大脑里说你不够好的那个声音"来说重要的事情。

每个选择都是重要的，因为每个选择都会对相关的某个人很重要，但是你只需要选择那些对你自己重要的。当你活成了独特迷人、充满能量的样子，去拥抱重要的事情，摒弃不重要的事情时，你将带动你生活中的其他人做出相同的选择。

我很高兴能与大家一起努力。

本章小结

- 表现完美让你能安全地隐藏自己，但也阻止别人真正了解你。
- 井然有序并不总是弄虚作假，混乱不堪也并不总是脆弱的象征。
- 关注重要的事情，摒弃不重要的事情。
- 第一次做法式夹心吐司时，记得按食谱来做。

迈出一小步

在商场向一位美丽的陌生女士微笑，试着不评判她，也不拿她与自己做比较。如果你恰好今天要去逛街，不妨去试一下吧。

接下来，我们来看第一条懒人天才法则。

一劳永逸的决定

我并不想以此开场，可是我以前真的很讨厌星期一。

有时，我抱着"该来的，就来吧"的懒惰态度应对星期一的到来，然后在事务缠身时，暗自悲伤。

有时，我则表现得很积极、很坚决。星期日晚上，我就开始疯狂地制订最新计划，安排一周内我要做的每顿饭、我要喝的每杯水、我要完成的每项任务，以及接下来每天要背诵的一小时《圣经》经文，可是在一周结束之后，经常什么任务也没有完成。

偷懒的方式行不通，因为我不知道要做什么；提前做详细安排也没有用，因为我给自己安排了太多的任务。[01]

于是，我决定采用第一条懒人天才法则来应对周一（和其他的很多挑战）：做一次一劳永逸的决定。

01　不管在哪种情形下，我经常会在星期一吃下很多的奥利奥饼干。

让大脑得到休息的简单方法

关于这个问题的研究有很多，可能很难说清楚。我们每天都要做很多决定，也正是要没完没了地做决定，才导致你没有精力去做对你来说重要的事情。通过找到一些可以遵循一劳永逸的决定的情形，你可以给大脑更多的休息空间。

你可能认为遵循一劳永逸的决定是机械的，但只有当你对一切事务都这样处置时，才会让你变成只会按照程序做事的机器人。有针对性地为重要的事情做一次性决定，能够让你的大脑腾出空间应对重要的事情。这就是懒人天才处理问题的思路，你马上就可以体会到它带来的好处。

用一劳永逸的决定搞定星期一

我过去讨厌星期一的压力，因为我感到一切事情都需要重新做决定。突然之间，家里的每个人都没了条理，不知道早餐晚餐分别吃什么，孩子也找不到要穿什么校服。在放松的星期六，这些不确定都不是问题，而在要求高效的星期一，这些不确定让人感觉糟透了。

既然星期一本身无法改变，那么我只好改变应对它的方式。我从穿着着手，选择穿什么，虽然只需进行一点儿思考，但是每周一都要花时间去想，所以我确定好了周一固定穿的服装，然后再也不改变。坦白地说，三年来，我每个星期一都穿同样的一身衣服，这让我穿着得体，心情愉快。[01]

　　我立刻就体会到了这个决定的效果，所以想对更多的事务做一次性决定。随着时间的推移，我养成了遵循一次性决定的习惯——什么时候起床，起床后要做的第一件事情是什么，当天晚上吃什么晚餐等。根据自己当前的生活状况，我还会继续增加可遵循一次性决定的事项。

　　现在，我喜欢星期一，因为所有一次性决定为我开启了充满活力的一天，也开启充满活力的一周。由于不需要再分散注意力去做决定，遵循一次性决定让我始终有时间去做重要的事情。我有富余的精力去做自己喜欢的工作，去读书、听音乐，耐心地帮助孩子们适应新的一周的学习。

　　一次性做出的单个决定居然会产生如此大的效果，这听起来很疯狂，但这正是懒人天才的行事风格。

生活中有很多固化选择

　　也许你没有意识到，你的生活中有很多固化选择：

　　• 快餐店的超值套餐。店家已经决定了套餐内容，并对每种套餐编号，所以你点餐时只需要说："二号套餐加健怡可乐。"

01　都是黑色的斜纹粗棉布衣服。寒冷天气的工作服：黑牛仔裤配条纹或格子衬衫。温暖天气的工作服：黑色T恤衫配牛仔裤。炎热天气的工作服：黑色T恤衫配斜纹粗棉布短裤。

• 教堂里的礼拜仪式。启应经文、圣餐和祝福都是固化的决定，帮助你在周日晨祷仪式中快速地进入基督的故事中。

你可能是固化选择的接受方，但是当你为自己做出一次性决定时，这个决定便会显示出巨大的力量。

你可能从没意识到：你拥有的每件物品都源自一次性决定。当你从商场购买一件衬衫、一套新笔或一加仑 [01] 橄榄油时，你选择购买它们，也就选择了使用、储存和保管它们。

但是，当你不遵循商品自带的要求，把衬衫塞进袋子，因为储藏室的架子人小而把笔扔进你几乎从来不会打开的办公桌抽屉，把橄榄油油瓶放在地板上。这样做只会给生活徒增混乱和噪声，而不会获得遵循一次性决定所带来的舒适和宽裕。

因此，我们需要的是合适的、一劳永逸的决定——这些决定将会为你的生活增添价值，而不会降低你的生活质量。从你壁橱中的物品到日历上的规划，请对一切事物慎重地做出一劳永逸的决定。一个审慎做出的单个决定，可以减少你的脑力劳动，让你有精力去思考对你来说真正重要的事情，让你不再反复地纠结于选择这个还是那个。

生活中存在各种各样的可能性，但是你并不需要这么多的可能性。别难为自己在本章结束前做出几十项决定，到了明天你也许只能记得住一个而已。你只需找到一个能立刻起效的方法即可。

01　加仑是一种容（体）积单位，英文全称gallon，简写gal。

接下来，我们来看一些生活实例，了解如何做出一劳永逸的决定。

一次性决定礼物清单

从理论上讲，你也许会喜欢赠送别人礼物。送礼既可以彰显你的慷慨，又能展示你在包装纸选择方面的优雅品味。但实际上，送礼是一件很痛苦的事情。你完成日常清单上的各项任务就已经很艰难了，这时突然出现需要送礼的情形，你会因需要多应对一件事情而心生怨恨。当然，这种怨恨令人生厌，但实际上我们并不讨厌送礼。我们讨厌的是，没有富余的精力去考虑送礼这件事。

你可以深入地了解生活中的所有人，创建一份电子表格，详尽地列出他们的好恶，以及来年需要送礼的所有情形，并在 4 月就购买圣诞节礼物。如果这并没有让你觉得自己过于疯狂，那就这样做吧。

幸运的是，做一名懒人天才要简单得多。我们一起探讨一些常见的情形。

给老师送的礼物

如果你有孩子，孩子就有老师，那么你就得需要面对经常给老师准备礼物的巨大压力。教师节、圣诞节和学期结束的最后一天是需要给老师送礼物的三个重要日子，然后这一数字再乘以你孩子的数量。啧啧，通常在最后时刻，你只能拿星巴克礼物卡和临时买来的手作糖霜饼干来救场。

能够帮到你的，就是遵循一劳永逸的决定。现在就决定好每个场合给老师送什么礼物。在圣诞节，可以送一本书。[01] 在教师节，可以送一张商场礼品卡。在学期结束时，可以给老师写一封情真意切的感谢信，也可以再附上孩子画的画或写的心里话。当然，你不必受限于我的决定。你可以做出你自己的选择。

也许你有点担心——这方法虽然管用，但是如果你真的这么做了，就会觉得自己似乎没有"用心"一样。不要这样想。提前慎重地考虑好要送什么礼物，送礼时你就不会感到紧张和反感，也不再是商场里什么咖啡杯有货你就买什么。

做个一劳永逸的决定吧。

给孩子朋友的生日礼物

收到生日聚会邀请时，我总是问自己两个问题："我也得参加吗？""我们需要带礼物吗？"

提出这些问题并不意味着我就是埃比尼泽·斯克鲁奇 [02]。相反，我想的是送礼可能引起的潜在问题：我会把别人的房间弄得凌乱不堪吗？当我对孩子朋友的喜好一无所知时，盲目地为他寻找礼物是不是在浪费精力？我只是在经历一种根植于物质主义和消费主义的文化期待吗？

01　《舒适简约之家》（*Cozy Minimalist Home*），作者麦奎琳·史密斯（Myquillyn Smith），这是我当前的选择。

02　埃比尼泽·斯克鲁奇（Ebenezer Scrooge）是狄更斯的小说《圣诞颂歌》中的守财奴。——译者注现在我的方法是，每次不管给哪个孩子送生日礼物，都买相同的东西：拼图、书、美术用品和礼品卡。当地玩具店有商品目录，我会预存一张礼品卡，这样过生日的孩子就能高高兴兴地去选择自己喜欢的东西。

不管你做什么决定，重点是要做出一个一劳永逸的决定。这样你收到生日邀请时就不会感到紧张，因为你早已知道该买什么礼物了。

给家人的礼物

也许给熟悉的人选礼物要容易得多，但是你仍然可以做一个一劳永逸的决定。给你爱的人买礼物时，你可以按照那句流行的送礼准则——买"他想要的东西，他需要的东西，他穿的衣服，他读的书"来做决定。如果这条准则可以帮助你，那就用吧。

每年我都会给继父买一本书，因为他喜欢阅读，但不会自己特意去找书来看，尤其是在附近有报纸的时候。每次买的书不同，但是给他送书是固定下来的决定。我妹妹热衷于各种美容产品，所以我最近总是给她买她自己可能没有买过的某种护肤品。[01]

参加单身女子派对和准妈妈送礼会的礼物

这个决定已经为你做好了，那就是"礼品登记"。收礼者将借此向你准确地表达她想要的东西。有人认为从礼品登记处购买的礼物没

---

01 对不起，汉娜（Hannah），我先将礼物透露给你。

有人情味儿，转而会特地去精挑细选一些礼物……未来收礼者也要这样大费周折地送你礼物，我觉得你这样做可能有点儿冒犯了。我不是说你买了有人情味儿的礼物就是不好的人。

你可以再送一些个性化的礼物来平衡你从登记处购买的大众化礼物。参加准妈妈的送礼会时，不妨带上一套宝宝衫和你的宝宝小时候爱读的书。参加准新娘的单身派对时，可以带上那对夫妇所挑选的盛菜大碗，手写一些他们最喜欢的食物的食谱放在碗里，或者用你觉得他们会喜欢的漂亮茶巾把碗包起来。

一次性决定你要穿什么

我前面提到了，因为思考星期一穿什么衣服总是让我很焦虑，我实在不想每星期一还要决定穿什么衣服，所以固定化的周一着装确实能帮助到我。

实际上，我之所以这样做是因为我听说过这样一个人，他每天穿相同的衣服，看到自己喜欢的裤子，就会买上三条，看到自己喜欢的黑色 T 恤衫，就会买上七件。他总是穿一双黑色的鞋子，直到穿烂后再买一双一样的。甚至他还有几套他喜欢的内衣和袜子，也全都是黑色的。

他的穿着样式确实太少了，但是我对这种穿衣服的方式很感兴趣。

当然，遵循一劳永逸的决定到了这个程度，会让人感到紧张。但这种感觉也非常好，他选好了自己喜欢穿的服装，然后每天都穿。每天早晨便无须为穿什么衣服而浪费额外的精力。他甚至在洗衣服、存放衣服、旅行前打包以及根据天气变化更换衣服时，也会遵循固定的套路。

不是非要像这个人一样每天都穿相同的衣服，才能享受到固定穿衣搭配带来的好处。

就拿穿什么衣服参加婚礼来说，如果你选定了两套衣服，一套天热的时候穿，一套天冷的时候穿，会怎样呢？你将不会纠结是穿舒服点儿，还是必须穿塑身衣。无论是需要盛装打扮还是随意穿着的婚礼，你都可以通过定制鞋子和选择珠宝式样来使你的固定着装适合婚礼形式。

注意，我不是说你只能准备两套服装，所有衣服都得是黑色的，或者不能有多余的鞋子。这不是我想表达的意思。

我的意思是在你感到紧张、焦虑的领域遵循一劳永逸的决定。爱穿牛仔裤和 T 恤的你，大概也不太喜欢穿得很正式去参加婚礼吧？但是，不管怎样，如果挑选衣服能让你感到特别高兴，那么你当然可以慢慢地从许多衣服中选出最令你满意的那套。

但是如果你对挑选衣服这件事感到焦虑，而遵循固定化的穿着搭配又正好能帮到你的话，不妨就这么做吧。

胶囊衣橱是否值得那么费神去做？

胶囊衣橱并不适合所有人，但它的理念对我们每个人都有帮助：你拥有的每件物品都是一次性决定。

当你买某件东西时，你就是在决定这件东西值得被反复选择，同时也是在决定给这件东西留出空间——不管是在你的壁橱里，还是在你的意识中。

如果你的衣橱里装满了不值得选择的东西，这些东西便挤占了那些很重要并让你感到自在的物品的空间。

不管你拥有多少物品，不管这些物品如何协调，我们都应该意识到，放进衣橱的只能是你乐意遵循的一次性决定。

一次性决定你的食谱

吃饭是可以遵循一次性决定的另一件事情。尽管可以吃法式夹心吐司，但我还是喜欢做饭，喜欢在厨房里干活。给家人做饭对我来说很重要，但这并不意味着做饭没有压力。

我既不会懒到不做任何规划，也不会像厨房机器人一样机械死板。作为一名懒人天才，我会借用一些固定菜式来缓解做饭的压力，让做饭的过程变得更加轻松。下面为大家分享我的做法。

采用相同食材

给我造成最大压力的就是那些看似无限的选项。我想拥有用不完的时间，去尝试每一种食材，把新食谱上的菜做个遍。除此之外，我还想让孩子们能把饭吃完而不会抱怨。

这几乎不太可能。

我采用的方法是：不去想无穷无尽的可能性，也不再想方设法地讨好我那几位觉得自己是美食评论家的孩子，而是遵循一次性决定，只使用一些固定的食材。例如，鱼类中我们只吃鲑鱼，那么，我们就不吃牡蛎了。在蔬菜方面，我们这阵子会吃胡萝卜、土豆、青刀豆和其他几种食物，但是不吃洋蓟、韭菜和南瓜。清单上的某些食物[01]经常不受孩子们的欢迎，但这是意料之中的。当孩子们能够接受的口味越来越多、我做饭的精力和食物预算也允许的时候，我就会在清单上添加更多的食材选项。

请记住，我限制食材清单上的食物，并不是因为我讨厌食物。我对这份清单的喜爱，也许超过任何收藏家对自己藏品的喜爱。正是因为我喜欢做饭，我想自己在厨房里，特别是在这个小小的人生舞台上，尽量过得愉快。限定食材数量确实让我过得很愉快。

额外收获：将食材清单固定下来，让其他决定也更加容易了。因为跳过了清单上没有的食材，决定做什么饭就变得轻而易举了。又因为我始终只买相同的食材，购买食材也更简便，而且无须为那些陌生的东西腾出地方，整理买回来的食材也很轻松。

01　这里所说的"某些食物"，其实就是指绿色食物。

一次性决定真像一个"便利"制造机。接下来，让我们探索让烹饪和吃饭更轻松的其他情形。

邀请别人到家里吃饭，每次准备相同的食物

如果邀请别人到家里吃饭总是让你感到焦虑，不如每次都做相同的食物吧，这会让邀请人吃饭变得轻松一些。选择一份你自信能做好的大众化食物，在邀请不同的客人第一次来你家吃饭的时候，每次都做这个。接下来，你就不会再为做什么食物或做得怎样而感到紧张，而是可以尽情地展示自己的热情好客。自制比萨是我首选的食物。做比萨很有趣，而且大家都很喜欢。我喜欢给新朋友做自制比萨。[01]

创建膳食列表

膳食列表是决定在一周里每天吃什么的一种方法。比如周一吃蔬菜，周二玉米卷，周三即食火锅，这些便是固定餐食的形式。

我们家通常周一吃意大利面食，周五吃比萨，周六吃前一天吃剩下的食物。我的选择在这些类目之内依然是开放的，不过这样的固定习惯还是帮我省去了很多麻烦。

膳食列表的好处就在于，这个列表是完全可以定制的。你无须听我告诉你该选什么，就可以做出属于自己的选择。你也不必对任何一天做出过于具体的安排或者对每天都做出安排。对我来说，安排三天就够了。你可以选择合适你的天数。

01　但得确保这个人能吃乳制品和麸质品。给一个不能吃比萨的人做比萨吃，那是让人悲伤的。别问我怎么知道的。（对不起，林赛！）

不管怎样，将膳食列表固定下来，可以创建一种简单、容易操作的膳食计划。这就是"懒人"与"天才"的完美结合。

简化日常购物

这个建议并不适合所有人的消费情况，但是如果你讨厌日常购物，不管促销传单宣传多大力度的折扣，请只选择一家你喜欢的商店，而忽略其他商店。

别忘了，时间和愉快的心情都是珍贵之物。为了最低价格而牺牲的时间和心情，是买土豆饼时省下的 1 美元所抵消不了的。

请一次性决定你要在哪里购物。

你也可以每周固定购物一次，不要在忙的时候去尝试新的品牌，也不要冒着买到快坏掉的香蕉的风险在路边摊买东西。

每次购买物品都意味着要重新做一遍选择，那么为了避免为自己制造不必要的压力，我们可以用一劳永逸的决定，来减少这种压力。

用懒人天才法则来决定你午饭吃什么

• 周日煮一锅汤，供一周午餐吃。

• 一次做几种罐装沙拉。

• 买生菜和好吃的奶酪，让你的三明治更好吃。

• 将那些孩子挑嘴不吃的晚餐食物留作午餐吃。把料放在漂亮的玻璃碗里，尽量让这件事情看起来更加有趣。

• 选择一份特别简单的食谱做午餐，一直做到你腻烦。然后再选用另外一份食谱。这样就无须为重新选择午餐吃什么而感到压力重重。

一次性决定打扫模式

我讨厌打扫卫生，不管你是否也讨厌打扫卫生，遵循一次性决定都能让打扫卫生这件事情变得更加井井有条。

简化你的物品

不管你购买了打折促销的清洁剂、精美的超细纤维抹布，还是购买了在电视节目上看到的"魔幻拖把"，你都是在做一个固定的选择——那就是使用它。如果你使用这个产品，并让这个产品为你的生活增加价值，那就太棒了；但是如果你不使用这个产品，那么它只会给你的生活添乱。

物品会增加清洁房间的难度。因此家里的东西越多，你打扫房间的难度就更大。讽刺的是，当我对自己的房子不满时，就买东西让房子看起来更加漂亮或清洁，但这只是增加了更多的"噪声"，让问题变得更加糟糕。

不妨就把"购买清洁产品"当作你在"做一个不错的固定化选择"。如果你买了厨房喷雾器，那就用吧。如果你买了花式拖把，那就吧。如果购买了马桶刷，那就用它清洁马桶，继续自己的生活吧（无论多么神奇，它都无法更好地清洁浴室）。

请为必须完成的工作选择最少的工具，简化你所拥有的物品。请不要像浏览影视节目单一样把杀毒剂也列成一排备选，非要在五种不同的清洁剂中进行选择。任选一瓶，然后用它来清洁就好了。你可以做一个一次性决定，无须在挑选上浪费时间。

简化你的日常清洁惯例

我每周四做房屋除尘。除尘时，清洁镜子。出门前，清洁淋浴室。淋浴前清洁卫生间，卫生间实在太脏了。清洁惯例的制订不用非常详细，也不用基于一周 7 天来安排，甚至都不用非要做惯例。重点是遵循一次性决定可以简化清洁过程，到此为止。

停下来想想那些消耗你精力的清洁任务。如果你遵循让整个过程更加容易的一次性决定，情况将会怎样？

一次性决定那些传统

每次我听到有人谈起某个传统，如每年夏天在同一个地方度假，十二月的第一个周末做圣诞节曲奇饼，我就感到振奋，也为自己没有这么做而感到特别沮丧。

但是，各种传统就是很多固化的决定。与其将它们高看为会长存记忆之中、意义非凡的家庭惯例，还不如将其视为你遵循固化的决定的有趣体验。

做个一次性决定，每次开学前的晚上全家出去野餐。如果每个人都同意，那么第二年开学前的晚上全家继续出去野餐。

做个一次性决定，每个平安夜，穿着睡衣去看圣诞灯会，然后挤在车里休息。

做个一次性决定，吃完感恩节的晚餐，全家一起做一个大拼图。

我们让这些传统和惯例背负了太多的压力，因为我们渴望传统所带来的连接感，但是我们总是将过节的方式弄得很复杂。试着做出一劳永逸的决定，然后付诸实践吧。

如此一来，你也可能开创了一项传统。

一件逸事：当一项传统在眼前崩塌

我们家总是在家人生日那天聚在一起吃晚饭，而我妈妈则会为寿星做他最喜欢的饭菜。从记事起，我的妹妹汉娜过生日时，家里总是吃煮虾和鸡尾酒酱。

这就是传统。

几年后，记不清是因为什么，我开始代替妈妈负责准备妹妹的生日晚宴。我对她说："嘿，除了煮虾外，你还想吃什么？"

她沉默了一会儿，深吸一口气，说道："我真的不喜欢吃虾。"

对不起，什么？

我的大脑里全是几十年来的煮虾生日晚宴的记忆。在妹妹的生活中，她遵循的竟然是她不喜欢的传统。

毫无疑问，这件事可以教育我们，不要害怕说出自己的喜好。更重要的是，这件事提醒我们，不要积极地参与被伪装成传统但并不是每个人都能接受的固化决定。

现在，在开始让每个人都觉得有点儿尴尬的谈话前，我们家有一个口头提示。

我们会说："我们遇到了一个虾米问题（I have a shrimp situation.）。"

现在，是时候对一些事情做出一劳永逸的决定了，一次只针对一件事情。当你运用这条法则时，只在重要的事情上花费精力，在不重要的事情上当个"懒人"，你将获得巨大的精神力量。

本章小结

• 对某些事项做出一劳永逸的决定，减少做决定的次数。

• 遵循一次性决定并不会让你变成只会按照程序做事的机器人，而是为你留出更多的时间去做对你来说重要的事情。

• 你可以在任何领域遵循一次性决定，包括赠送礼物、梳妆打扮、做饭、打扫房间和开创传统。

迈出一小步

找到让你感到紧张的事情，做出一个一劳永逸的决定，使这件事变得更容易。做一个决定就好，不用太多。

接下来，我们进入下一条懒人天才法则：从小处着手。也许你已经拿着一支笔，开始写下你所有的固定化决定，但是在这之前，请阅读下一章。

法则二

从小处着手

我算不上严格意义上的运动员。玩躲球游戏时，我总是最后一个才入选；作为啦啦队队长，我做不了侧手翻；在家庭学校的排球队里，我也只是一个替补队员。[01]

理论上讲，这也没什么大不了的。每个人的能力不同，我只是不擅长需要速度和手眼协调能力的运动罢了。直觉告诉我，我的价值不取决于身材的胖瘦。但是之前我提到的糟糕父亲、电视广告、高中和大学期间的社交观念却接连不断地给我打击。苗条、漂亮的女孩子才会受到青睐，而像我这样的女孩子则无人问津。

如前所说，懒人天才只关注重要的事情，可我在很长一段时间内，都将精力放在了一件不重要的事情——自己的身材上。

01　家庭学校有很多支运动队。我们与一些小规模的基督教学校进行比赛，因为人们认为露大腿有伤风化，所以我们比赛时穿着超长的短裤。那真是一段非常奇特的经历。

　　读高中时，我整个人出奇的懒，不想让别人注意到自己。我穿着宽松的长罩衣，留着难看的发型，希望别人看都懒得看我。这一招确实奏效了。大多数朋友，无论男女，都戏称我为"妈妈"。[01]

　　读大学时，我又走向了另一个极端，开始关注自己的身材。我把自己每天摄入的热量限制在 800 卡。注意，不是 1800 卡，而是 800 卡。为了锻炼肌肉，我每天都去健身中心，但由于腿部训练器械的使用不当，我的膝部软骨组织形成了永久性损伤。[02] 我总是在想，我的穿搭是让我更好看，还是一眼就被看出用力过猛，弄巧成拙？

　　尽管我对于自己身材的看法相当扭曲是事实，但不管是消极躲避还是努力改变，都没有让这种情况有所改观。漠不关心，抑或全力以赴，都让我止步不前，却又无计可施。

"要么出众，要么出局"

　　说到瘦身塑形、经营婚姻或整理橱柜，我们对很多问题的解决方式都是要么拼尽全力，要么毫无作为；要么全力以赴，要么中途放弃；要么出众，要么出局。

　　我们翘首以盼，期待人生阶段的彻底改变，期待孩子长大成人，

01　我现在很喜欢妈妈的身份，但是十六岁时，当那些可爱的小家伙喊你"妈妈"时，对人的影响是毁灭性的。

02　我永远无法忘记十九岁就医时医生说的那句话："你的膝盖跟70岁老奶奶的差不多。"当时我还没满二十岁，就从"妈妈"又变成了"奶奶"。这太可怕了。

期待婚姻质量得到改善，期待房子越换越大、身材越变越苗条。我们从不在家设宴款待朋友，因为家里没有收拾妥当，或者因为我们厨艺不精，也不知道如何插花才不至于让自己的劳动成果看起来像学龄前儿童的"杰作"一样幼稚。

既然无法完成所有事情，我们索性什么都不做。

于是便困在了原地。

或者我们随意选一个日子（如 1 月 1 日）作为全新的开始，按照从 A 到 Z 的顺序给家务、工作、身材管理设定计划，以期获得立竿见影的效果。当期望落空时，我们就变成了愤怒的绿巨人，然后中途放弃，开始新的尝试。

我们又一次回到了原地。

然后会在心里这样安慰自己：好吧，没有效果，一定是因为还没有找到正确的方法！

可事实并非如此！如果你还没弄清楚重点是什么，方法的正确与否根本无关紧要，尤其是当你忽略了"每一小步"的重要性时，更是如此。

重视每一小步，才能摆脱这样的恶性循环。

每一小步都很重要

也许你认为，微小的改变纯粹是浪费时间，曾经我和你的想法如出一辙。当时我认为，小小的一步并不能带来立竿见影的效果，所以既毫无意义，又令人沮丧。我一心想着：难道我不应该严格自律去做比这更重要的事情吗？

在詹姆斯·克利尔（Jame Clear）所著的《掌控习惯》（*Atomic Habits*）中，我读到了一段话，让我彻底改变了这种想法。社会改革家雅各布·里斯（Jacob Riis）讲述了一个场景，他说："当我感到无能为力时，就会去看石匠凿石头。也许他凿了100次，而石头上连个裂缝都没有。但是当他凿到第101次时，石头瞬间裂成两半。我知道那不是最后一击的功劳，而是此前连续凿击的成果。"

对于此前的所有努力，我们没有给予足够的重视，而这恰恰是每一小步都至关重要的原因：这些步骤发挥着无形的作用，每一个微小的进步都是真实存在的。

也许曾经有长辈告诫过你，"没有任何东西可以替代努力"，或者"如果一件事值得做，就要做好"。此话确实不假，但也不能就此认定，假如自己不曾为某事付出艰辛的努力，就不能从中得到任何回报——包括锻炼身体、清洗衣服和对抗孤独等方方面面。

"如果没有特别努力地做成一件事，不妨先放弃，在能够付出必要的努力时，再全力以赴，重新开始。"这也许是"天才"接近目标和实现成长的方式，但不适合我们大多数人。而懒人天才的应对方式，是选择从小处着手。

一小步，简单易行。

简单的步骤，才能持久。

持久的坚持，才能让人稳步向前。

保持前行，而不是追求某个具体的终点——不妨把它当成新的目标吧。

确保它值得你付出

即使你热衷于追求成功，也要确保这个成功对你真的很重要。下列这些情形听起来是不是很熟悉？

• 你认为自己应该加强锻炼，但这样做只是为了身材苗条，因为你认为苗条的人更有气质。

• 你是一名职场妈妈，努力工作。尽管你累得半死，但是你仍然争取每晚都能够回家给孩子们做饭，因为你认为下厨的妈妈比不下厨的妈妈更值得尊重。

• 没有上过大学让你自惭形秽，于是你设定了博览群书的宏大目标，因为你认为读书会让自己变得更聪明，也更加受人尊重。

我并不是说让你每次决定改变自己前，都要做一次心理疏导，而是说你在坚持做一件给自己感情上带来周而复始的痛苦的事情时，也许首先值得研究的是：你做这件事情的初衷是什么。如果你的动机是基于一些对你来说不是真的至关重要的事情，那么结果就会是：你要么因为太努力而疲惫不堪，要么再次陷入困境。

请朝着重要的事情迈出一小步吧，不要再被困住了。

即使一小步也很重要

我容易精神紧张，肢体和头脑也不太灵活。在缓解背部疼痛和因摄入大量咖啡因导致的大脑过度兴奋等方面，瑜伽的作用不言而喻。三十岁那年的大部分时间里，我激情满满地开始练习瑜伽，想让它成为我日常生活的重要部分。保持头脑清醒、身体舒畅——这个目标对我来说非常重要。我要做的就是，实现这个目标。

我曾经试图每周练习四次瑜伽，每次 30 分钟，但我从来没有成功地坚持到四天。为了解决这个问题，我下载了瑜伽应用程序，购买了瑜伽垫、瑜伽砖和茄子色的瑜伽服。我列出了用品清单，定好了手机闹铃，甚至花钱购买了十堂热门瑜伽课程。[01]

可一切都是徒劳。不管我多么努力，都无法保证每周进行四次 30 分钟的瑜伽练习。这对我的打击已经不仅仅是让人感到沮丧了。我想练习瑜伽！我练瑜伽的理由真的很重要！也没有人强迫我！为什么还是难以做到？

因为这个目标太宽泛了。

即使朝着一个很重要的目标前进，小步前行依然是最好的选择，只有这样你才能真正朝着目标迈进。相反，背负着一个庞大的目标体

01　如果你想体会生活失控的感觉，那就在火爆的瑜伽课程上开始你美妙的瑜伽之旅吧，像后卫球员一样大汗淋漓90分钟，然后双腿像散了架一样，连开车回家都很难。太好玩了。

系会让你压力倍增，你会把更多的精力放在维持整个体系上，而不是
获得前进的动力上。

有意义的人生并不取决于一次重大的决定，而是源于日复一日
微小却用心的选择。它需要小心照料，细心呵护。捷径并不总是有
效，庞大的体系效果就更不尽如人意了。

一小步很重要，也更加简单易行。

当一小步让人感到滑稽可笑时

去年 1 月 1 日，像所有精力充沛的美国人一样，我在新年伊始思
考自己的目标，并且意识到必须改变以前练习瑜伽的方式。如果我想
定期练习瑜伽，就得从小处着手。

到底多小的一步呢？

小到让人觉得有些难为情。

我给自己定的目标是：每天做一个下犬式。

只做一个。

如果你对瑜伽不了解，我就解释一下下犬式的动作要领：手脚
都平放在地面上（理想状态下），臀部抬高脱离地面。就是用身体做
出字谜游戏中字母 A 的造型。除了躺尸式（像死人一样躺在地上）
之外，下犬式是瑜伽中最容易完成的一个动作。

每天我就做一个下犬式。弯腰，将双手放在地上，臀部抬高，
保持姿势，并且做几个深呼吸，然后再直立。如此这般，一天的瑜伽

练习就完成了。

显然，持续做这种滑稽可笑又简单的动作，让我感觉自己像一个傻瓜，但我决定坚持下去，看看这种方法是否有效。构建庞大的体系不起作用，从小处着手也许会有所不同。

坚持了一段时间之后，我发现毫无效果，至少从结果上来看是这样的。我的身体没有因此而变得更加灵活，也完全没有达到人们口中的"禅宗"境界。然而，每天一个下犬式练习实在太微不足道了，无所谓半途而废，所以我坚持了下来。

这是一个巨大的胜利。

我每天早上做一个下犬式，如果白天忘记了，就在睡前补做一个，有时早晚各做一个。偶尔我会做一整套拜日式（一组包括下犬式在内的十二个动作），前后用不了 15 秒。

大约四个月后，我逐渐在第一小步上取得了进展，现在每天做瑜伽的时间大约为 30 秒。

我再说一遍：每天只做 30 秒。

当然，从天才的角度来看，整件事会让人感觉很愚蠢。每天做 30 秒瑜伽能有效果，想想都让人觉得好笑。幸运的是，我用的是懒人天才视角，每天练 30 秒瑜伽在我眼中有着重要的意义。我养成了每天练瑜伽的习惯，尽管事实上每次做瑜伽的时间只够播放一则啤酒广告的工夫，但我依然骄傲不已。

我正朝着自己一直想要的方向前进。

一小步的努力，开始初具成效。

开展行动的最好方式

布里·麦科伊（Bri Mckoy）是一名互联网美食家。她下午没有大段的时间可以坐下来看书，但仍然希望阅读成为她日常生活的一个习惯。她没有在百忙之中挤出大块时间来读书，而是从微小的目标着手——每天做晚饭前阅读 10 分钟。就读 10 分钟。通常来说，这点儿时间不足以让她读完一章内容，但她知道正是这可行的一小步，能够帮助她实现目标：做一个读者。不是读一次，而是一直读下去。

你可能会想，步伐太小，根本不值一提。我每天只做一个瑜伽动作，就不能说自己每天练习瑜伽了吗？我当然可以这么说。如果你在决定要做的事情上每天都付诸行动，你也可以说自己每天都在坚持这件事情。

步伐越小，成功的可能性越大。做的次数越多，坚持下去的可能性越大，直到这件事成为日常生活中饶有意义的一部分，这才是最重要的。

是的，我练习瑜伽。是的，布里经常读书。是的，即使你践行的只是微不足道的一小步，你也可以说你实现了目标。

那么，如果我每天只在大街上闲逛，我能说自己是一名马拉松选手吗？不能。因为我从未跑过马拉松比赛。这就是为什么以下两点很重要：做一个懒人天才以及准确地说出对你而言意义非凡的事情。

你想称自己为画家，但你内心深处想的只是拥有一间画室或通过画画谋生，那么你的目标就定位错了。你没必要成为专业画家，做一个画画的人足矣。

开始迈的步伐太大，你就永远不会取得很大的进步。如果你认为"大"是唯一重要的标准，那么你只会不断地加大投入，不断地改变目标。

做一名懒人天才，拥抱每一小步所带来的力量。它们意义非凡，至关重要，是开展行动最好的方式。

每一小步的力量

每天做瑜伽小练习，我已经坚持了 14 个月。我需要做的，只是每天做一个很小的瑜伽练习。我感觉自己的身体比以前灵活了，也喜欢早上伸展双臂时后背咯咯作响的感觉，但我还是无法做倒立和劈叉动作。我的瑜伽动作还不标准，做下犬式时双脚仍然无法平放在地上。我用身体做出的字母 A 造型总是有点儿歪。

然而，一天晚上做睡前瑜伽时，我先从拜日式开始，然后感觉到身体发生了变化。突然，做下犬式时我能把双脚平放在地上了。做低平板式（基本上就是撑起之前的俯卧撑动作）时，可以坚持 5 秒钟，而且不会颤抖。我已经处在人们练习瑜伽时想要达到的理想状态。呼吸与动作突然变得自然协调，无须刻意去做就能实现。这真是一个美妙的周六晚上。

这个动作我坚持不懈地练习了 14 个月。整整 14 个月。过去，如果 14 天内看不到结果，我通常会选择放弃。极具讽刺的是，这次我居然取得了进步，不仅在坚守每天做瑜伽练习的承诺上取得了进步，在身体锻炼上也取得了进步，而这个进步不是靠每周花好几个小时练习瑜伽取得的。这个进步，只需日复一日地每天迈出一小步，相同的一小步。

与其迈出一大步然后陷入困境，我更愿意在 14 个月内每天迈出相同的一小步，并拥有至关重要的体验。

天才知道"什么重要"，懒人明白"什么不重要"，如果你想做懒人天才，就必须拥抱一小步的力量。

一小步，简单易行。

简单的步骤，易于持久。

一小步能够帮助你真正前进。考虑到从前的你要么竭尽全力，要么完全放弃，所以只要做到继续前行，你就成功了一半。

步伐越小，你做到的可能性就越大，在对你重要的事情上你就表现得越专注。

哪怕只有一点点改变，只要你注意到了每一小步的效果，就会开始关注它的力量。正如那名石匠所经历的，生活正是由无数微小的选择组成，它们将让你的人生变得不同。

从小处着手的实用方法

想要每天吃维生素吗？可以试试每天早上把药瓶放在厨房的台面上。

想要每天晚上做饭吗？可以从周二开始。

想要养成定期打扫卫生的习惯吗？每天晚上睡前擦一擦厨房的台面吧。

想要经常散步吗？可以把鞋子放在门口提醒自己。

想要生意兴隆吗？不妨每天联系一位潜在客户。

想要生活得更有意义吗？想要始终坚守自我吗？每天花一分钟深呼吸，迈出你的第一步吧。

本章小结

• 选择漠不关心或竭尽全力都会让你深陷困境，而迈出一小步能够帮助你开始行动。

• 目标就是保持前行，而不是抵达终点。

• 一小步，简单易行；简单的步骤，才能持久；持久的步伐，才能实现目标。

• 一小步，不等于浪费时间——所有微小的进步加起来，才能积少成多，聚沙成塔。

迈出一小步

找出生活中对你至关重要但你又不擅长的领域。选择一件小得有些可笑，却能帮你在该领域取得进展的事情，然后每天坚持。这不是做无用功，因为你仍在前行。

法则三

提出魔法问题

　　孩子们放学后的那段时间真让人头疼。接大一点的孩子们放学的时候，难免又赶上了更年幼的孩子在睡觉。一回到家，孩子们都饥肠辘辘，脾气暴躁，你不得不化身成有趣的辅导员帮他们完成讨厌的家庭作业。此时外面阳光明媚（这对增强体力和补充维生素 D 很有帮助，但对完成除法运算练习没有任何帮助），你得做晚饭了，但你唯一想做的就是打个盹儿休息一下。

　　你知道接下来会发生什么。虽然对孩子们放学后的混乱早有心理准备，但当一切发生时还是会感到措手不及。

　　有一段日子，我故意犯懒，放任孩子们疯狂嬉闹，恣意胡为。很快，家里就变得混乱不堪。我对着孩子们一通咆哮，又吃了一堆零食，心里这才稍微舒坦一些。

还有一段日子，我竭尽全力地控制家里的局面，可情形也没好到哪里去。除了灵活变通的事之外，我对每一件事情都做了详尽的安排。这恐怕是为人父母对付孩子的招数里最有用的一个了。但是一旦哪件事脱离了我的周密安排，没有按照预定的计划进行，我就开始抓狂了。

不管是敷衍了事，还是竭尽全力，放学后家里的混乱都没有任何改观。等到丈夫下班回家时，我看起来就像是僵尸入侵大战中战败的逃兵一样狼狈。

在那个魔法问题变成我生活的一部分之前，至少我努力了。

简单来说，这个魔法问题就是：我现在可以做什么，才能让接下来的生活轻松一些？

凡事分清轻重缓急

不要像玩打地鼠游戏一样使用魔法问题。

在玩打地鼠的游戏中，你需要对紧急事件做出反应。你全神贯注，只要那皱巴巴的棕色面孔一出现，就一锤把它敲下去。但是你打掉了这只地鼠，其他地方又冒出了地鼠。很快你就只能胡乱地敲打机器，期望以此取得最大的斩获。

这场景太熟悉了，听得你心里都有些发毛，是不是？

所有事情同时发生，让你发疯抓狂：每个人现在都需要你，干衣机在嗡嗡作响，轿车得加油了，校外活动家长同意书到期了，晚饭也没有着落。

魔法问题更像是玩多米诺骨牌。意思就是，把它们排成一列，然后再把它们一个接一个地推倒。将魔法问题看成需要推倒的第一张多米诺骨牌，问一问自己：我现在可以做什么，才能让接下来的生活轻松一些？然后付诸行动。不是应对随时冒出的下一个紧急情况，而是做一个简单的选择，这个选择会把你带入下一个选择，而你面临的选择开始落入一个更加可预见的顺序。

记住，懒人天才从小处着手。

你无须解决一堆问题来应对接下来的局面，从解决一个问题开始。

你也许认为做得越多越好，但是你错了。当你投入更多的精力解决问题时，你是在试图消灭所有的紧急情况。这是百分之百不可能的。相反，你的目标应该是领先一步，这样你就不会将"灭火工作"变成自己日常生活的一部分。我们经常会碰到亟须解决的紧急问题，而且以后还会碰到此类问题，但是你可以通过提出这个魔法问题来让自己做出更好的准备：我现在可以做什么，才能让接下来的生活轻松一些？

一旦你开始发问，就再也不想停下来。让我们来看看，这个简单的问题会在哪些方面改变你的生活。

案例一：孩子们放学后

我现在可以做什么，才能使放学后的时光更轻松一些？

对于这个问题，我最喜欢的答案就是零食拼盘。在动身去接孩子放学回家前，我拿出一个大盘，把能找到的所有零食都放到里面堆得高高的：薄脆饼干、胡萝卜条、意大利辣香肠切片、葡萄、一个分成几块的巧克力曲奇饼干……只要家里有的，都放进去。我把拼盘放在厨房的餐桌上。等到我们到家时，这盘食物就像灯塔一样吸引了孩子们。

零食拼盘这个选择，为整个下午开启了愉快的多米诺骨牌效应。面对一大盘食物，他们不再喋喋不休地争论为什么冰激凌、三明治也应该被视为是一种水果，因为他们有一大盘零食可以选择，而无须争吵。他们急切地放下书包，洗好手，因为每个人都不想吃别人挑剩下的最后一块巧克力曲奇饼干。小柑橘和奶酪拉近了我们之间的关系，这让孩子们在经历了一天喧闹的学校生活后，感受到了家的舒适。

由此，再过渡到功课上也容易多了，因为他们已经坐在桌旁，肚子也填饱了。在他们忙着装满饮料杯、瓜分意大利辣香肠时，我甚至可以提前准备晚餐。

我每天都准备零食拼盘吗？不是的！但是准备零食拼盘的日子要过得更容易一些。然而，这并不意味着，没有零食拼盘的日子总是一团糟。不过每当我准备了零食拼盘的时候，自己就不大会变成一位气鼓鼓的绿巨人妈妈。这就是魔法问题的作用。这个问题不能保证你获得特定的结果，但是可以非常接近那个结果。

案例二：做晚餐

我现在可以做什么，才能让晚饭轻松一些？

这个魔法问题格外亮眼，因为我们每天都吃晚饭，所以可以更清晰地看到这个问题的好处——让厨房里的多米诺骨牌倒得非常流畅。

当我第一次尝试在做意大利面之前 4 个小时就往锅里加好水时，我就想我有点儿疯了，那能顶多大用呢？我那个蹒跚学步的孩子都可以往锅里加水！下午五点整，我蹒跚学步的女儿，成了我的跟屁虫，一步也不离开我。我记得当时开心得都要哭了，因为我只要轻轻地转动炉子上的按钮就行了，而不用一手提着满满的一壶水，一手拽着那个两岁的小祖宗。

接着，我看着下一张多米诺骨牌倒下。

尽管女儿黏在我身上，我不得不抱着她去储藏室取西红柿，但是因为那壶水已经放在炉子上了，所以我没有觉得特别烦躁不安。在储藏室里我看到了意大利面条盒，心想提前把面条取出来，待会儿也能轻松些，于是我顺便取出了意大利面条盒。在做这些事情的时候，我还抱我的小祖宗，她那扎着两个小辫子的头靠在我舒展的肩膀上。

这个选择看起来微不足道，却引起了巨大的变化。我做晚餐的变化，始于一壶水。

下面，我们来看看这个特殊的魔法问题还可以有什么答案。

确定晚餐吃什么

让做晚餐更轻松的好方法，就是事先知道你准备吃什么。提前决定晚饭吃什么，以便去商店购买需要的食材。列一份购物清单贴在门后，提醒自己回家前先去商店。针对"我现在可以做什么，才能让晚饭轻松一些"，其答案不一定指具体的烹饪工作，也可能只是一个简单的决定。

准备食谱

假设晚餐做辣椒。你可以在脑子里大概思考一下这个食谱的步骤，想想你现在能做什么。你可以把装豆子和西红柿的罐子放在厨房的台面上（是的，我在辣椒里加豆子。别用那种眼神看着我）。你可以撕开香料包，或者自己将一些辣椒粉和小茴香拌在一起。你可以将洋葱和大蒜切好，把荷兰式烤箱放在火炉上或者给压力锅插上电源，然后从柜子中取出碗，这样孩子们摆放起餐具来就轻松多了。在忙碌的晚餐时光中，这些环节中哪怕只有一个出了问题，整个过程都会不顺畅。

即使你有足够的精力同时做所有事情，也不要那样做，那样只会让你疲惫不堪。

做些常规操作

如果你家经常吃米饭，那就煮上一锅。米饭可能被一扫而光。如果一次吃不完，就把剩下的冷藏起来。洗好蔬菜，取出切菜板，或者腌制买回来的打折鸡肉。不管晚餐做什么，这些操作都会使接下来准备晚餐的时光轻松很多。

列出购物清单

你是不是每次去商店都会忘了要买某样东西？列出购物清单，就会知道自己需要什么食材，这样做晚饭就容易多了。

把白板挂在冰箱上，一想到要买酱油，就在白板上写上"酱油"二字，这样列清单也容易多了。动身去商店时，无须费力地在纸上抄写这份清单，只要用手机拍个照，就能出发了。列出购物清单，做晚餐就容易很多。

我可以用整本书来回答关于晚餐的魔法问题，但还是决定不要用自己的烹饪怪癖来折磨你们了。只要记住一点：世界是属于你的，你想做什么都可以（如果你不喜欢牡蛎，鸡肉也行）。

案例三：洗衣服

我现在可以做什么，才能让洗衣服变得容易一些？

嗯，洗衣服。每次洗一堆脏衣服，真是要人命，但是魔法问题可以帮助我们。

你可以购买分类洗衣篮，随时对脏衣服进行分类。孩子脱裤子时，不要让他们把整条裤子扒下来，你可以教他们扯住裤脚脱下裤子，这样就不会因为整理内外反着的裤子和内裤而抓狂不已。

在我的博客《懒人天才合集》（*Lazy Genius Collective*）中，一位读者曾经分享过用网兜来放置孩子袜子的经验。网兜就挂在洗衣篮旁边。孩子们把脏袜子放进去，洗衣服的时候直接把装着袜子的网兜放进洗衣机里清洗，最后晾干。这样，再给袜子配对就容易多了。

甚至选定洗衣服的时间都会帮到你。如果一个决定可以减少后面的压力，那就去做，即使只是做出像"我每周三洗衣服"这样简单的决定。

案例四：度假回家

我现在可以做什么，才能使度假回家后轻松一些？

尽管我们热爱旅行，但是回家总是一件很幸福的事情——除非回到家，看到出发前打包留下的一片狼藉影响了你的心情。这里给大家分享一些技巧，可以让你回到家中感到更加轻松愉快。

动身前收拾房间

如果整洁的房间能让你心情平静，那么动身前收拾房间能让你回家后感到轻松很多。把孩子们赶到院子里，由我们的配偶或者有责任心的、值得信任的大孩子带着他们一起吃甜甜圈早餐，或者把他们塞进旅行车，自己再花几分钟整理一下房间，一切妥当后再动身。不管用什么方法，让其他人离开房间，然后自己快速收拾一下，这样等旅行回到家时一切都是平静的。

回家前安排好晚餐

度假回来时，家里几乎没有食物储备，所以提前想好晚餐吃什么，等回到家里就会轻松一些。比如提前在冰箱里备好足够吃一顿的食物，或者从度假预算中节省 20 美元买一个比萨，再或者驾车回家的路上计划好一顿简单的晚餐。

可以订购套餐配送服务或者安排回家后去商店取餐。如果度假回来后还要为晚餐绞尽脑汁，那就用魔法问题来解决。

马上打开行李箱

度假后回家会让人感到紧张，因为只要一动身，就感觉你要收拾行李箱，取出度假的东西。相反，如果一回到家就立即从行李箱取出行李，会让回到家后的时光轻松一些。整个过程所花的时间远比你想象的要少，而且会让你觉得家里宁静舒适。

有一个好办法能够让回到家里取行李的工作变得更容易一些，那就是在度假期间把脏衣服统一放到一个地方。可以用枕套或专用的箱子来装大家的脏衣服，等回到家后，就不至于为了给每双要洗的脏袜子配对而翻遍整个行李箱。

如何提出魔法问题

希望你能理解这种模式。如果魔法问题看起来太笼统，你一开始没明白具体怎么做才能使接下来的生活更轻松，并为此而焦头烂额，不要担心。可以把你现在的状况代入魔法问题的句式，越具体越好。

有时你可能把它弄得太复杂了。魔法问题很有效，于是你想把它用于所有方面。但遗憾的是，这样会让你再次陷入疲于应付的境地。尽量让事情简单一些吧。

例如，我喜欢每天早上喝咖啡，可是早晨研磨咖啡豆的声音很大，可能在我准备叫孩子们起床之前就吵醒了他们。那么我现在可以做些什么，才能使早晨煮咖啡变得更容易一些（声音也更小一些）呢？我可以在晚上研磨咖啡豆。[01]甚至晚上就在水壶里装好水，这对于早晨睡眼惺忪、动作迟缓的我来说，是一个不错的选择。

有一段时间，我晚上就把第二天早上煮咖啡的东西都拿出来了：杯子、勺子、糖罐——除了多脂奶油，这个东西在外面放一晚上不太好。也许睡觉前准备好第二天早上煮咖啡的所有物品并不麻烦，但这样做是多余的。早上再取勺子不是什么难事，特别是在取奶油时顺便就把勺子取了出来。实际上，为了让自己做好充分的准备，我不知不觉地失去了在天还蒙蒙亮的早晨捣弄咖啡的乐趣。

除非一件事能提供合理的帮助，否则不要去做。使用有效的方式，摒弃无效的方式，别把事情弄得太复杂。

01　我的小叔子是咖啡发烧友，如果他发现我不是在煮咖啡前才研磨咖啡豆，而是提前研磨好，他肯定会伤心的。但至少我没有喝福爵（Folgers）和露客（Luke）这两种速溶咖啡。放我一马吧。

魔法问题清单

- 我现在可以做些什么，才能更轻松地用吸尘器打扫地板？购买一台六十秒家用地板清扫机，从橱柜里取出吸尘器。

- 我现在可以做些什么，才能更轻松地撰写博客文章？使用语音备忘录保存自己的想法，把电脑放在厨房操作台上，以备随时写作。

- 我现在可以做些什么，之后才能更轻松地购物？将环保袋放在门口，在购物清单上插一支笔，以便将已买的物品画掉。

- 我现在可以做些什么，才能更快地从冰箱中取出晚餐？在装食物的袋子上贴上标签，这样就不会疑惑"袋子里装的是什么"。

- 我现在可以做些什么，才能让孩子们更乐意上床睡觉？在刷牙前找到他们心爱的毛绒玩具，这样讲完故事后才不用疯狂地去找这些玩具。

- 我现在可以做些什么，才能更及时地支付账单？准备一个篮子专门放置有时间要求的邮件，再在手机上设个闹钟，提醒自己每两周检查一次。

- 我现在可以做些什么，才能更轻松地准备午餐？在冰箱里专门留出一个抽屉盛放做三明治的食材，这样做三明治时再也不用四处找生菜和奶酪。

• 我现在可以做些什么，选择食谱时才能少一些纠结？浏览一本新食谱，用和纸胶带[01]标记上我最想尝试的食谱。要用食谱时，选用已经标记过的即可。

• 我现在可以做些什么，之后才能享受到更轻松的公路旅行？下载旅行类的应用软件，这样就能很容易地找到餐馆、洗手间，孩子哭闹的时候也有可以玩耍的地方。

• 我现在可以做些什么，才能让孩子们更快地动身上学？前一天晚上做好午餐。

• 我现在可以做些什么，才能更轻松地准备孩子的生日聚会？现在就把曲奇面团做好并冷冻，只等生日那天烘焙。

• 我现在可以做些什么，才能让自己第一次在感恩节做东设宴款待众人的工作变得更轻松？记住我的价值不在于自己做的火鸡如何能与婆婆做的火鸡相媲美。

•我现在可以做些什么，才能让超市的购物更轻松？把 25 分硬币放在方向盘旁边的小杂物箱里，锁好购物车后再放 25 分回去。

• 我现在可以做些什么，才能更轻松地带孩子去看牙医？积攒星巴克积分，兑换大杯星巴克星倍醇咖啡，外加一份经典糖浆和浓奶油，不是牛奶。感谢星巴克勋爵咖啡店提供免下车式购物服务。

01　和纸胶带：相较于一般胶带，这类胶带的表面是纸。——编者注

本章小结

- 问问你自己，现在可以做些什么，才能让后面的生活轻松一些?
- 分清轻重缓急。
- 将魔法问题运用到具体的问题上，任何事情都可以。

迈出一小步

你接下来要做什么?向自己提出魔法问题，看看会发生什么。

让一切事情都变得更容易，这很具有吸引力，不是吗? 虽然魔法问题非常有效，可是它不能解决所有难题。接下来，我们说说当日子很艰难时，怎样像懒人天才一样生活。

活在当下

　　第一个孩子满两周岁后的第三个星期,我生下了第二个孩子。对于那段日子,我几乎没有什么记忆。[01]只记得当时极度疲惫,生活中充斥着成堆要洗的脏衣服和一日三餐要做的饭。我能清楚地闻到自己身上有一股令人作呕的味道。对于那时所有事情的记忆都模糊不清了,最后含混在一起化作了疲惫,让人刻骨铭心。

　　我不喜欢那段日子,急切地期待着它能早点儿结束。实际上,我记得自己像亚瑟王的宫廷骑士一样曾经阴郁地发誓,以后再也不生孩子,再也不过这种日子了。我确实喜欢孩子们围绕在身边,也会开心地抱着孩子。但是我不喜欢孩子的婴儿期,儿童学步期是第二个让我头疼的时间段。最要命的是,这两个阶段是紧挨着的!

01　宝贝本,对不起。

我已经受够了。我再也不要生孩子了。

这就是四年后，当我发现自己再次怀孕时感到崩溃的原因。当时我在跆拳道馆肮脏的厕所里，用验孕棒做尿液测试。令人煎熬的 10 秒钟过去后，验孕棒上赫然显示出由几个最大、最粗的英文大写字母组成的单词"PREGNANT"（有孕）。[01]坐在那间晦气的洗手间的长凳上，我整个人都僵住了。

当时，我正准备把老二送进幼儿园。我即将有大块的时间可以独处，并且已经制订了许多重要的计划——意外怀孕肯定不包括在内。我原以为带小孩的日子可以结束了。当我发现事情并非如此时，我真的崩溃了。[02]

专注于对你来说重要的事

活在当下，是一个复杂的问题。我们每个人对当下有着不同的感受和看法。跟教堂的朋友、同事或网上看到的女性相比，你拥有与他们完全不同的性格和人生追求。当你感觉自己当下特别艰难而脆弱不堪时，你会给别人一种自己的当下被冒犯或者被否定的感受。

01　是的，在跆拳道馆做妊娠测试，真的令人不可思议。如果我知道测试呈阳性，我肯定另外选个地方。

02　安妮，我太爱你了，全家人都需要你。你现在还不识字，但如果有一天你读到这些，就会知道我们有多么爱你。也许有一天，你发现你怀孕了，不知道怎样应对。不要感到羞愧，即使一秒钟也不要。爱和困惑是可以并存的。我的宝贝，一切都会好起来的。

我对自己再次怀孕感到无比难过，又对有这样的感受而内疚不已。这种矛盾的心理严重损害了我的身体健康。对于那么多人来说是如获至宝的东西，我竟然视其为一种损失而难过不已。我怎么能心安理得地跟那些千方百计地想要生孩子，或者由于癌症或者其他可怕的因素而导致流产或者失去孩子的亲戚朋友诉说自己再次怀孕的悲伤之情？

独自埋怨自己的当下就够了。

这就是为什么我们要像懒人天才一样思考——你梦寐以求的东西，可能不是别人想要的。让你苦苦挣扎的事情，别人却乐在其中。你可以专注于对你来说很重要的事情，即使它于别人来说无足轻重。我们可以共存于当下，对彼此抱有慈悲和慈爱之心。

如果你过得很艰难，又不知道对自己来说什么事情很重要、什么事情不重要，就会被他人对你人生的看法和期待所压垮。比如，工作是一件美好的事情，许多父母很享受孩子不在身边的时光。但是，待在家里也挺不错，也有很多父母喜欢待在家里与孩子共享天伦之乐。

如果你无法确定哪些事情对自己来说很重要，你的日子只会越过越艰难，越来越压抑。此外，你将受制于他人的期望，要么竭尽全力按照别人的方式来生活，要么完全放弃努力，彻底逃离。

别忘了你还有第三种选择

也许你当下生活得很艰难，想要摆脱困境。

也许你厌倦于等待想要的结果，又因为渴求某些东西而心怀内疚，而这种内疚让你感到精疲力竭。也许你面临的挑战是一份让你讨厌的工作，一个难带的孩子或眼前拮据的经济状况。也许你渴求一位心仪的伴侣，又或者希望快点儿办完离婚手续或者完成最后的收养程序。

当下的生活让你感到沮丧，这是真实的，也无可厚非。但你总是习惯性地左盼右顾、瞻前顾后，很快不满的情绪就会尾随而至，在你的耳边牢骚不断：

生活总是一成不变。

无路可走。

你到底怎么做才能继续下去？

"懒人"的应对方式是选择逃离，任凭事态的自由发展。他们逃离让自己悲伤的事，忽视现实教训，选择低头妥协。没有人真的想永远沉浸在悲伤中，但是，选择逃避，也就是选择了悲伤。

"天才"的应对方式是让生活一成不变，死守着过去的生活方式，努力延续过去的状态，否则就会发狂。作为一个孕妇，也许你会一厢情愿地声称，不会让孩子改变你和丈夫之间的关系，你默默地起誓"我们还是我们，就像没有怀孕时一样"。此话不假，你们还是你们，只是多了一个宝宝。而一个宝宝会给你们带来巨大的变化。

对此，你如何应对？你如何应对艰难境况、期待生活改变的漫长等待或者期待落空这些因素所带来的巨大压力？

幸运的是，你不必选择逃离，也无须抗拒改变。

因为你还可以选择第三种方式：做一个懒人天才，活在当下。

生活在此处

活在当下，并不意味着要掩饰当下的困境，故作良好，更不是拿"上天自有安排""没有你处理不了的事情"等空洞无物的心灵鸡汤来自我安慰。

活在当下，并不意味着改变一切，更不意味着让当下的情形完全如你所愿。

活在当下，意味着接受自己的沮丧，而不是控制自己的沮丧。

我的博客读者和播客听众常常就生活中的特定问题向我求助。例如一位妈妈征求我的建议：她的两个孩子都是棒球队员，分属于两支不同的棒球队，这两个孩子得晚上 8 点以后才能完成比赛回到家里，如何做才能在他们参加完巡回赛后全家人一起吃晚餐？

我的答案是什么？我告诉她，当下这个阶段不适合全家人一起共进晚餐。接受家庭成员分次吃晚餐带来的困扰吧，拥抱全家无法共进晚餐的感伤，不要按照过去美好的生活方式要求当下。

另一位读者则由于照看幼小的孩子们而忙得不可开交。她有两个孩子，一个两岁，另一个才两个月大。她不知道为什么自己不想做晚饭，不想洗衣服，一整天下来也不想与丈夫心平气和地交谈。她写道："我不知道怎么了，更不知道如何改变这种现状。"实际上，她只是迈入了一个崭新的人生阶段，无须改变，因为她并没有做错什么。

你也是一样，并没有做错什么。生活不会总是这样，但目前确实如此，你可以学着活在当下，接受它的洗礼。

做下一件正确的事情

活在当下，拥抱自己的真实感受，并愿意从发现中学习。专注于你眼前的事情，不要费神地去设想未来所有可能发生的事情。

埃米莉·P. 弗里曼敦促我们，激情满满地去做下一件正确的事情[01]，而我要说的是，这也是活在当下最有力的准则。

不要陷于过去或未来而无法自拔。就从你面前的小事做起。

做下一件正确的事情。思考下一个真实的想法。动手去洗面前的这堆衣服，不为另外的六堆衣服烦恼。擦洗一个厨房台面。打开一扇窗户。给一位朋友打电话（等她拿起电话，马上告诉她所有人都很好，因为这段时间接到朋友电话时，我们总是会想到"是不是有人去世了"）。

从小事做起。

01　她写了一本名为《下一件正确的事情》的书来探讨这个话题，这本书可以作为《懒人天才》的姐妹篇。

的确，生活不会总是这般艰难，但当下既然已经这样，那就冷静下来。与其强迫自己让心态变得更乐观或者逃避内心的渴求，不如保持觉察，善待自己。将当下视为一种人生体验，悉数那些对自己重要的事情，进一步完善自我。

无须为压力和悲伤而过度担心，事情失控时也不必惊慌失措。即使当下的生活超出了你的能力，也无须逃离。接受自己的悲伤，但不要让它影响你的决定，不妨把它当作一种练习，练习像天才一样专注于重要的事情。

活在当下，能提醒我们：开始、结果和过程都值得你的关注，值得你的付出，你不必匆忙地略过。

只做下一件正确的事情。

就像美国的国宝级主持人罗杰斯先生（Mister Rogers）曾经说过的那样："当你认为自己处在山穷水尽之时，便是你变得非同寻常的开始。"

也许就在你每一次经历人生阶段的考验时，你正在变得日益强大，不断地收获成长。

向大自然的四季学习

写这些文字的时候，正是三月中旬。此时春意盎然。昨晚，我与朋友聊到突然觉察到了空气中某种特别的东西。尽管我们经常清扫房间，简化生活，但是大家还是想推开窗户，拿出万能除菌清洁剂来一个全面的大扫除，然后再进城添置新物。

春天来了。

就像生活的每个阶段一样，一年四季带给我们无法选择又必须体验的各种感受。尽管我真不愿意经历炎热的夏天和抚养新生婴儿的艰难，但是我仍必须体验这些日子。

如果当下的生活让你疲于应付，请试着向大自然的四季学习。体验气候的节律，观察植物的生长，享受轻松的假期。很快你就会发现，无论处在生活的哪个阶段，拥抱大自然的节奏，都能教会你拥抱当下生活的智慧。

春天

春天来了，万物开始萌发。白天越来越长，阳光更加明媚，你开始注意到一些冬天可能会忽视的东西，例如，电视柜上的灰尘。

你脱掉冬装，换上春装。你感恩自己所拥有的一切，清理掉那些从商场童装部买来的，而现在不再需要的东西。

院子里鲜花盛开，你清理好之前杂乱的台面，腾出空间摆放一瓶雏菊。鸟儿绕着窗棂振翅轻舞，寻找合适的筑巢之所，你也时不时地朝窗外观望，感受着树叶、蓝天和山雀的朴素之美。

春天是万物新生的季节，树木发新芽，鸟儿筑新巢，人们身上换新衣，心中筑新图。拥抱春天的希望，收获全新的感悟。

夏天

夏天是我最不喜欢的季节。我得不断努力，逐个实现自己设定的目标。剃毛、晒太阳、消灭蚊虫……太让人抓狂了。

　　但是夏天也有好处——最重要的是，夏天是尽情玩乐、享受生活的时候。即使你每天都要朝九晚五地上班，再也不能享受暑假假期，但你还是能感受到空气中洋溢着玩乐的气息。你可以重新体验整天泡在泳池或公园里的惬意。一日三餐不用按照钟点的节奏，而是想什么时候吃就什么时候吃。你还可以造访一些以前从未去过的地方，四处闲逛，直到累得筋疲力尽。

　　不知何故，你也变得更愿意邀请别人来家里做客。下班后，你会请朋友到家里一起吃汉堡、喝啤酒。你每天都享受冰棒带来的凉爽快意，回味柠檬的清新酸甜。给孩子们涂抹防晒霜时，防晒霜的香味会把你突然带回到儿时在海滩上玩耍的快乐时光；而孩子们因为不愿意抹防晒霜，所以身体不停地扭来扭去，你只能尽力地控制自己不对他们大喊大叫。

　　夏天让我们意识到：我们享受规律的日常生活，但是离开这些规律，我们同样生活得很好。拥抱夏天的惬意，收获全新的感悟。

秋天

　　秋天到了，孩子们也开学了，我们又重新闻到了铅笔的芬芳，过上了有规律的生活。秋天里的各种节假日纷至沓来。围巾、靴子和南瓜拿铁咖啡，让秋天成为人们最喜爱的季节。

　　虽然我也像其他人一样，喜欢天气的更替和服装的变化，但是秋天也潜藏着压力和紧张。你需要应对各种状况，可能突然之间就再次深陷某种紧急的事情中而无法自拔。从夏日的舒缓节奏步入秋日的紧张日程，你很快就会有一种快要窒息的感觉。

但是只要我们稍加留意，就会明白：每个季节都会给予我们启发。秋天是从日程安排和待办事项中筛选出重要事宜的最佳时机。别人做的事情，你无法全部做到，所以要审慎地加以选择。运用不同季节的自然节奏，允许自己摒弃那些让你陷入困境的阻碍，将主要精力专注于对自己真正重要的事情上吧。[01]

拥抱秋天的繁忙，收获全新的感悟。

冬天

冬天是一把双刃剑。

圣诞节前，到处都洋溢着节日的欢乐和喜悦，送礼物、收礼物，许下愿望、作出承诺，和朋友一起闲逛，烘烤饼干，重复收看《布偶圣诞颂》（*The Muppet Christmas Carol*）……虽然生活繁忙无比，但也非常有趣，所以很有意义。

圣诞节后，寒冷让人们闭门不出，送出的圣诞节礼物被拒收，因为新年计划的尘封搁置而产生的愧疚之情……所有这些导致的无聊情绪很快就取代了之前的热情和活力。

冬天既欢乐又无聊。一方面，激动人心的假期让你联想到神圣的家庭和传统、各种富有魅力的庆祝活动以及完美的圣诞音乐。另一

01　秋天也是分享食物、学做面包的好时间。这不是硬性规定，只是一条季节性建议，如果你喜欢的话。

方面，漫长的冬季为你提供了圣诞节喧闹过后需要的平静与安宁。不如把这种安静和暗淡视作一种恩赐，欣然接受，放慢脚步，休养生息，享受拖鞋、长袍和咖啡杯带来的温暖和充实。享受冬天的馈赠，更感恩四季流转之时春天的再次来临。

拥抱冬天的差异，收获全新的感悟。

人生如斯，四季更替

如果你希望某个人生阶段过得快乐而富有意义，大自然会给予我们耐人寻味的启发和节律，而不是死板的答案和严苛的计划。一年四季不仅让你清楚自己现在所处的境地，而且让你明白这样的境地不会永远持续。

很多时候，我试图创建一个体系来应对这充满挑战的日子，而大自然回应道："伙计，我一直在经历生死的循环往复。我了解变化，所以我们还是活在当下吧。"

太阳从东方升起。

雪花从天而降。

孩子开启了幼儿园的快乐时光。

年迈的父母离开了我们。

工作调动的速度之快让你始料未及。

曾经将父母视为一切的孩子，不再对你滔滔不绝。

曾经深爱你的丈夫喜新厌旧了。

　　我不是故意打击你，但是生活本身的确充满了艰辛。像我一样，像在商场里遇到那些衣着光鲜的陌生人一样，你遍体鳞伤，心力交瘁，有着别人所不知晓的人生故事。

　　也许你不曾留意，你总是将当下的生活视为自己的全部，却忽视了一直以来所拥有的、身边的一切。你越是关注当下生活里没有的东西，越感到绝望、失衡、怨恨和沮丧，而眼前所拥有的美好也会随之失去。

　　不如活在当下。

　　做下一件正确的事情。

　　活在当下，张开双臂，拥抱当下生活所馈赠的一切。

　　我没有说这样做非常轻松。如果我那么说，那就是彻头彻尾的谎言。但是四季不会以你的意志为转移，它们交替变迁，寒来暑往，并且邀你一起成长，成就更好的自己。

　　做一名懒人天才，并不意味着热爱每个季节。做一名懒人天才，意味着善意地拥抱每个季节，潜心领悟其中的道理。

满足于当下，拥抱变化

　　如果上面提到的妈妈将孩子参加棒球巡回赛的这种匆忙的日子看成是一种缺失，看成是一种生活不该有的状态，她就会暴跳如雷，心怀怨恨，甚至希望孩子改学象棋。但是，如果她接受孩子无法与家人共进晚餐的感伤，接受这种生活本身的意义，就会改变自己的看法。

对她来说，当下的情形相比全家围着餐桌一起共进晚餐，更适合让孩子在比赛间隙在 SUV 车后部吃快餐，更适合全家一起共进早餐，更适合在送孩子上学的路上和孩子谈心聊天……这种情形并不完美，但是完美不是生活的目标。

追求完美，往往迫使你要么更加努力以达到完美，要么因永远无法达到完美而选择放弃。与之相反，请心怀满足地活在当下吧。无论是你正忙于照看新生宝宝，还是在等待新工作的消息；无论是你受制于体操训练日程表，需要定期送女儿去参加训练，还是等待你面前的女收银员准确地找零，请满足于当下的生活。拥抱你身边所发生的一切，但不要认为当下的生活将永远不变。

四季流转，你的生活也会更迭变幻。

本章小结

- 关注对你来说至关重要的事情，而无须对此感到内疚。
- 做下一件正确的事情。
- 如果你活在当下，心怀满足，自然四季和每个当下都会对你有所启迪。

迈出一小步

凭窗远眺，俯视大地，仰望天空。留意当下生活想要向你传递的智慧。我知道这是一个超级让人恼火的建议，但更让人恼火的是，这条建议真的非常有用。

当你学会活在当下，对于懒人天才来说，最有用的工具之一就是日常生活惯例。当你日程繁忙、内心疲惫不堪的时候，借助这些惯例提醒自己关注最重要的事情是一个不错的选择。在下一章中，我们将帮你建立各种惯例。

建立日常生活惯例

小学四年级是让我最崩溃的一年，我的生活发生了翻天覆地的变化。

变化一：父母离婚了。在我的整个童年，妈妈曾经试图和爸爸好好过日子，但他经常一走就是几个月，有时甚至长达数年。我读四年级时，他在出走两年后，正式离开了这个家。

变化二：妈妈跟一个认识一年的人订婚了。到现在为止，他当我的继父已经二十八年了。他人真的很好。但那时，我却认为他是一个要取代爸爸的坏家伙。

变化三：我辍学了。在这之前，我就读于一所基督教学校，过去几年学费一直都是靠奖学金资助的。三年级结束时，这笔资金用完了。妈妈决定让我在家学习，这样做一方面是因为我们负担不起学费，更重要的是，在那个艰难的过渡时期，她希望能跟我待在一起，随时掌握我的动向。

每个人应对混乱的方式不同。如果说得再清楚一点儿，我最喜欢的方式是——将事情打理得井井有条。我认为，掌控得越多，就越安全。

刚开始，我对在家学习的安排很不满意。但是妈妈知道那时的我需要什么，所以她让我自己安排一切。我参与选教材，安排学习任务，每天学习结束后自己检查完成情况。我自行决定午休时间，并乐在其中。

每天在同一个时间点坐在同样的位置上，用同一个笔记本，看同一部视频，吃同样的午餐。[01]这样的日常生活惯例像一剂良药，抚慰了我受伤的心灵。日复一日，不变的生活给人一种安全感，并提醒我：自己过得还不错。

这就是建立日常生活惯例的好处：实现软着陆。

遵循惯例的真正目的

也许一成不变的生活能赋予你某种控制感，这没问题。失控让人不舒服，所以人们都想远离这种感受。

01　这段视频是我们在迪士尼频道有线电视免费预播时用家庭录像系统录制的一集《儿童公司》（*Kids Incorporated*），吃的午餐是香蕉蛋黄酱三明治、小胡萝卜和巧克力软糖多士蛋糕。这是最棒的午餐休息，亲爱的朋友。

但是，当追求控制感让你感到疲惫不堪，而不是获得安全感时，就到了一个临界点。你试图在遵循日常惯例方面追求完美，让这些惯例（以及你自己）刻板僵化，自动执行。如果你没有遵循自己精心设计的惯例，你就会感到一切都要瓦解崩溃似的。这时，你又陷入用力过度的困境。

一个只想偷懒的人会怎么想呢？我想你也能猜到——那就是放弃。放弃，并且安慰自己："日常惯例是为那些无法应对混乱的伪君子所准备的。"这样你便可以随波逐流了。此外，你太贪睡了，无法执行早晨 5 点起床的计划，那么基本上所有的日常惯例都无从谈起。

如果采取懒人天才的方式，就不会走这样的极端。记住，作为一名懒人天才，你允许自己关注重要的事情，而简单的惯例正好可以帮你达成所愿。

也许安静地享用早餐很重要，但此刻你像一条疯狂觅食的鲨鱼，只想趁热喝下眼前的咖啡。也许专注工作很重要，但是除了吉米·法伦（Jimmy Fallon）的晚间秀，你无法把注意力集中在任何事情上。也许与家人共度宁静的夜晚很重要，但你却在《公园娱乐》（*Parks and Rec*）重播时躺在沙发上睡着了。吉米晚间秀和躺在沙发上小憩都是美好的事情，但是如果你想专注地工作和陪伴家人，惯例会对你很有帮助。

你可能会觉得，惯例无非就是每天按照相同的顺序重复做相同的事情，但事实远非如此。它会带给你非同寻常的生活体验。

惯例不是目的，而是途径

早晨的惯例，指引你开启全新的一天。放学后的惯例，指引孩子们顺利地开启家庭作业时间，引导你轻松地做晚餐以及应对孩子们"我什么时候可以看电视？"的喋喋不休。晚上的惯例，指引你收拾房间、调整自我，以应对第二天的生活和工作。工作惯例，指引你激活另一半大脑，高效地完成工作。

惯例只是前往其他地方的指路牌，其本身并不是目的地。

如果我将让孩子上床睡觉的惯例看成目标，那么就成了我为惯例服务，而不是惯例服务于我。如果完全按照惯例行事，孩子们绝不能熬夜看节庆烟花，也不会等到整个圣诞节家庭聚会结束才去睡觉。

但是如果只把惯例看成前往特定目的地的指路牌，会怎样呢？为孩子制订睡前惯例，只是为了帮助他们轻松入睡，让他们感觉到安全和关爱。这些才是睡前惯例的目标，也是最重要的。

尽管惯例通常能够帮助我们实现重要的目标，但它并不是实现目标的唯一途径。即使在开车回家的路上，孩子们也可以穿着睡衣轻松入梦。在家人的陪伴下，享受超越惯例的酷炫体验，他们同样可以感到安全和关爱。

讽刺的是，受制于惯例时，无论如何你最终会错过对你重要的事情。

如果你想建立一个合适的日常惯例，首先得找到你的目标，并弄清楚为什么这个目标很重要。

心灵鸡汤的困扰

我们会觉得遵循惯例和有意为之的行为很奇怪。有些人早晨的固定习惯：凌晨五点起床，然后读《圣经》、锻炼身体，做所有你认为应该做的事情。你表面上对此不屑一顾，内心却感到羞愧不已。

每天都早起锻炼，不能保证你比那位按贪睡按钮 5 次才能起床的人或忽略所有惯例的人变得更好或更糟。你可以关注对你重要的事情，别人也可以关注对他重要的事情。

请不要对别人妄加评论，也别对自己轻下断言。相反，不管别人的情形与你相似还是不同，都要为别人活出真我而喝彩。

克里斯·汉斯沃（Chris Hemsworth）[01] 带给你的启发

没有惯例的生活，就像高空跳伞；遵循惯例的生活，就像海上冲浪。

高空跳伞时，需要先待在机舱内，然后跃出机舱。的确，在等待跳伞的过程中，你会越来越紧张。但是跳伞这件事并没有循序渐进之说。要么跳，要么不跳。要么紧张地等待，要么尖叫着纵身一跃。用现实生活打个比方，高空跳伞就像一个四岁的孩子蹦到你脸上把你

01　著名澳大利亚影星。——译者注

吵醒。

相比之下，遵循惯例的生活更像海上冲浪。

克里斯·汉斯沃穿着潜水服在冲浪池里，跨立在冲浪板上，深呼吸，耐心地等待下一波大浪来袭。当看见一波海浪成形时，他采取同样的动作：先趴在冲浪板上划水，等找到海浪的节奏后，就跳起来站在冲浪板上。

有时海浪很小，他跌倒了。有时海浪很大，他滑行了很长的一段距离。有时他失去了重心，人会翻滚到水下，板底朝上。不管最后的结果如何，开始的动作都是重复的，是做出其他动作的准备工作。

惯例是可以重复的准备动作，而不是目的。

问问自己，我想如何做出最稳妥的准备？一天中的什么时间或者什么特定的事情会给我一种被人推下飞机的感觉？

这些问题的答案，就是适合建立日常惯例的地方。

如何建立惯例

现在你已经找到了需要建立惯例的领域，也了解了运用惯例的适当情境，是时候建立惯例了。让我们一起来看看建立惯例的步骤。

1. 从小处着手

如果你想做运用惯例的懒人天才，先从一个小到可以实际执行的惯例开始。如果建立一个庞大的惯例，你会很难坚持下去。还记得吗？我练习瑜伽的庞大计划失败了，而每天只做一个简单的下犬式惯例却见效了。

学习冲浪时，开始时你甚至无须下水练习。可以在沙滩上做入门练习，趴在沙滩上，然后站在冲浪板上，逐渐熟悉这种感觉。一个微小的步骤建立在另外一个步骤之上，这些准备工作终有一天会让你与众不同。

2. 独自迈出第一步

在《最重要的事，只有一件》（*The One Thing*）中，加里·凯勒（Gary Keller）和杰伊·帕帕森（Jay Papasan）引入了"焦点问题"概念："哪件事我做完之后，其他事就变得更简单或者不必做了？"

将惯例建立在能简化或者干脆省略掉接下来所有动作的单个行动上，这样即使中断这个惯例，你也能感到自己已经准备妥当。实际上，当第一步取得这样的效果时，接下来的10步或20步也许都免了。

如果你希望坐在办公桌前更加高效地工作，有很多方法可以帮你实现目的，但是播放某种特定的音乐也许可以弥补没有工作清单或醒脑咖啡的遗憾，让你获得足够的动力开始工作。

找出让你获得最大收益的事情，然后从这一步开始执行你的惯例。

3. 记住你的目标

一旦开始讨论待办事项和操作步骤，很容易让人以为它们是需要专注的重点。但是我们忘了，它们只是通往目的地的指路牌。为重要的事情做好准备，这才是重点。

遵循惯例并不是要控制你的生活或工作，不是强迫你像《土拨鼠之日》（*Groundhog Day*）的主人公一样[01]，日复一日地重复同样的生活。它们旨在提醒你，在生活变得如此忙碌之前，有些东西曾经被你珍视，如今却被你遗忘。

让我们一起学习建立一些惯例。就从晨起习惯开始吧，毕竟绝大多数人都会有自己的早晨习惯。

晨起习惯

每天早晨最重要的是什么？即使事情并不尽如人意，你希望自己身心处于什么状态？不必再三思索，脱口而出就行。

然后，从一件可以实现这个目标的小事着手，并且牢记自己的目标。

就我而言，每天早晨的精神状态很重要，因为它会影响我一整天。如果我早晨就感到暴躁不安、愤愤不平或孤立无援，通常一整天都缓不过来。如果早晨起来就忙着准备午餐，赶着按时交差或购买日用品，我就很难有精力关注自己。另外，当糟糕的状态让我忘记重点时，我会将生活中的小事看成是无法克服的巨大障碍。

如果早晨元气满满，白天的"灭火"工作就像吹灭蜡烛一样轻松。如果早晨萎靡不振，那一整天过得就像用一元店里的玩具水枪扑

---

01 我丈夫因为这部电影成了安迪·麦克道尔（Andie MacDowell）的忠实粉丝，我也觉得这部电影很有意思。

灭森林大火一样艰难。

为了过好每一天，要从早晨最重要的事情开始着手。

对于我来说，那件能够简化或直接省略其他步骤的事情是：选择你看待生活的态度。我曾提到由于摄入了大量的咖啡因，我的大脑总是一下子思考无数的问题。很多事情会消耗我的精力：晚餐计划、图书梗概、朋友近况以及听到我开玩笑地说把孩子扔在停车场后，收银员会把我想成是一名多么糟糕的妈妈。

太多的想法萦绕在我的脑海里。

太多太多了。

有些想法很重要，但很多想法根本就不重要。这就是为什么我还没起床就已经累得要死了。

在过去的一年里，每天早晨我都允许自己对思考的事情进行有意识的选择。这听起来也许有些极端，但是这样做有利于我的心理健康。我开始审视自己的想法，摒弃那些无关紧要的念头：1000 条正面播客评论后面出现的 1 条负面评论，皮肤日趋衰老，八月就开始操心感恩节吃什么（我告诉自己，肯德拉，这还不到时候）。我也认真考虑重要的事情，并对其进行优化。选定我下个月在教堂姐妹退休会上演奏的曲目很重要，但练习本周日我要在教堂演奏的曲目更加紧急。我只选择当天很重要以及最重要的事情，并将其他事情抛诸脑后。

记住任务清单上以及内心深处最重要的事情，并依此建立自己的晨起习惯。这样一来，无论每天的情形如何，我都能更好地应对。

随着时间的推移，我在晨起习惯中增加了其他内容：阅读、伸个懒腰、在静默中享用咖啡。但是每天早晨起床后我要做的第一件事就是：选择积极地看待生活，即使早起的家人打断我的惯例，我也为接下来要发生的一切做好了准备。

开始工作的惯例

虽然我们从事着不同的工作，但是都需要一种好方法来做好工作前的准备事项，让自己能够快速投入工作。如何做准备，取决于你自己。在建立惯例的时候，先不围绕具体的行动，而是提出一个问题，你将更容易投入到工作中。

每次开始工作时，问问自己：我工作中最重要的事情是什么？即使工作条件并不理想，我想在工作中呈现出什么样的状态？然后选择会对快速投入工作产生影响的事项，即使除此之外这件事别无他用。

多年来，帮助我投入工作的日常惯例发生了很多变化，这主要缘于我工作的诸多变化。在从事不同工作时，我会使用不同的投入方式。我坐在沙发上大脑风暴播客节目时的惯例与我坐在办公室写这本书的惯例完全不同，这就是为什么我喜欢用懒人天才的方式建立惯例的原因。

关键不在于每天工作时遵循事无巨细的相同惯例。相反，问问自己，今天工作中最重要的是什么，选择那件可以让你以最佳状态投入工作的小事，然后行动起来。这便可以成为你的惯例，无论这个选择能让你受益数月，还是只对今天的工作有效。工作惯例的作用在于找到开启高效工作的关键点，而不是非得坐在同一个地方，使用同一支钢笔。

我曾提到播放音乐有助于进入工作状态，这对我来说的确如此。有时候，为了进入工作模式，我会再泡一杯咖啡，反思手头的工作或者点上一支蜡烛。不过播放音乐总是必不可少的。

不同的音乐，适合不同的工作。在白板前进行头脑风暴时，适合听泰勒·斯威夫特（Taylor Swift）演唱的欢快的音乐。深度写作时，适合播放奥拉佛·阿纳尔德斯（Olafur Arnalds）演奏的伤感钢琴曲。需要完成枯燥琐碎的计算机任务时，适合播放彭妮 & 斯帕罗（Penny & Sparrow）的歌曲。同样，特定的音乐并不是工作惯例。与我当天工作密切相关的音乐力量才是惯例，所以我开始工作前总是先播放音乐。

根据你的需要建立惯例，记住你工作中最重要的是什么，从能产生最大影响的事情开始你的惯例。

当工作陷入困境时，我习惯这样做

我很早就知道我需要休息。有些人可以连续写作、咨询或销售数个小时，而我的大脑却无法承受如此长时间的工作。

　　我的办公室里有一个40分钟的沙漏。当我坐下来开始工作时，就把沙漏倒过来，等到沙子漏完，便停下工作休息，再花几分钟时间查看手机上的消息。通常，浏览社交软件和担心"如果有人发了紧急信息怎么办？"会分散我的注意力。但是我知道，手机搁置40分钟是没问题的。

　　检查完手机信息后，我再次倒放沙漏开始工作。等到沙子漏完，我便离开办公室，花5到10分钟做一些有趣的、富有创意或者联络感情的事情。有时候运气好，把三件事都做完了。

　　我的办公室设在教堂里，我的同事们在上班前就互相认识。通常在这十分钟里，我绕着圣殿走几圈（充满活力的部分），散步时收听朋友发来的语音信息（联络感情的部分），弹钢琴（富有创意的部分）或往回走时与朋友闲聊（还是联络感情的部分）。

　　这10分钟给予我充沛的精力，让我能更高效地完成接下来两轮40分钟时长的工作。

　　比起工作之始，工作期间可能更需要一些日常惯例。

晚间惯例

　　晚上最重要的事情是什么？你需要获取什么样的能量？

　　一方面，晚间惯例能帮助你为第二天做好规划。另一方面，晚间惯例可以帮你对今天做一个梳理和总结。

　　只要从小处着手并谨记目标，晚间惯例就会呈现出你想要的状态。绝大多数晚上看起来都一样，但是像懒人天才一样践行惯例，你可以自由地为今天的重点做好准备。

多年来，我的晚间惯例里只有一件事情，那就是重新整理家里的重点区域。我会把玩具放回玩具篮，擦拭厨房台面，把抱枕重新摆放在沙发上。我的动作一快，大脑就容易短路，因此我故意放慢节奏。[01]这个惯例让我可以更舒缓、更具目标性地开启第二天的生活。

现在，我的晚间惯例变成了整理屋子时听听音乐，其间我还会点亮一盏蜡烛。如果丈夫把孩子哄上床睡觉了，我会关掉音乐，然后俩人一边收拾，一边聊天。如果我还有一些闲暇时间，就会去街上走走。忙了一晚上，终于可以独处，这是一件很惬意的事情。这些事情对我安排第二天的生活没有什么帮助，但是极大地影响了当下我看待自己和家人的态度。

晚间惯例可以帮你为第二天做好准备，同时也提醒你关注当下最重要的事情。

忽略别人推荐的方式

你可能像我一样，读过所有论述晨练的文章，那些文章会认为：晨练是一个人能践行的最棒的事情。理由通常就是：超级模特进行晨练，CEO进行晨练。如果你无法在太阳升起前起床并积极地参加晨练，那么

01　我确信我的守护神是一只野猫。

你的人生还能做什么?

当别人向你强力推荐他们的选择时,你很难坚持自己的选择。这就是为什么很多自助类的书总是让人感到沮丧的原因。他们告诉你:"做×××,你的生活就会发生改变。"

在不同的人生阶段,我尝试过早晨起床后做各种不同的事情,比如进行剧烈的有氧运动、喝一大杯柠檬水、写15分钟的日记、对待办事项进行分类等。这些都是别人推荐的,他们都笃定地说"这是开启全新一天的最佳方式"。

但关键是:你得选择你自己的最佳方式来开启每一天。

我喜欢宁静祥和而不是大汗淋漓的早晨,那么我为什么还要进行剧烈的有氧运动?

我喜欢喝咖啡,空腹喝水让我觉得反胃,那么我为什么还要喝柠檬水?

我为手中的笔无法跟上快速旋转的大脑而感到沮丧,那么我为什么还要用笔写日记?

我可以说服自己,制订待办清单就是最重要的事情,而不是关注大脑中冒出来的那些念头,那么我为什么还要对待办清单进行颜色标注和分类?

如果一项活动无助于你为重要的事做准备,那么它就毫无价值。

如果某件事对你不重要,你可以忽略它。如果某件事对别人很重要,但是与你做的事迥然不同,那就让别人去做它好了。

请慢慢建立你的惯例。我知道在这一点上自己太啰唆了，但我还是想提醒你，如果建立惯例的速度太快、规模太大，其结果会让你失望。现在就制订一大堆超棒的惯例，明天就开始采用——这只是一个理想的状况，如果这些惯例没起作用，而几个月后你还在为找到有效的惯例而痛苦挣扎时，你就能明白，"每天只坚持一件事，不过多增加任务"的意义所在了。

本章小结

• 惯例本身并不重要。它只是指路牌，帮助你为重要的事情做好准备。

• 建立惯例时，从小处着手，从具有重要影响的事情入手，并牢记自己的目标。

• 可以为任何事项或时段建立惯例，但要从对你重要的方面开始，而不是从实现目标的步骤开始。

迈出一小步

运用懒人天才的视角反思你的每个早晨，看看你是否在为正确的事情做准备。如果没有，那就选择朝这个方向前进的一小步，然后付诸行动。

在引导你实现目标时，惯例具有很好的功效，那么，在家庭中是否也能应用这个法则？我们在下一章会给出答案：建立家庭规则。

法则六

建立家庭规则

　　婚前，我和丈夫像其他恋人一样约会，只是约会的次数太少了。第一次约会时，是他来参加我姐姐的婚礼，并跟我们大家庭的每个成员见了个面。第二次约会时，我们讨论了俩人未来的婚姻。第三次约会时，我去见了他的父母。

　　顺便说一句，我不推荐这种约会方式。

　　卡兹（Kaz）[01]是日裔美国人，在第一次去见他父母的路上，他就告诉我，按照他们的习俗，进屋前先得脱掉鞋子。进门时，我就像孩子们玩"地板是熔岩"游戏时一样小心翼翼，因为我不想在靴子脱下之前让任何一片皮革碰到地毯。

　　也许你没有和有这种家庭习俗的日裔美国人约会过，但你肯定

01　与奥兹（Oz）押韵，而不是与爵士（jazz）押韵。

去过那种有规矩的家庭，之前你不知道有这条规矩，直到触犯了你才知道它的存在。这种感觉很不好，是吧？

我曾去一些人的家里做客，当时自己谨小慎微，生怕有失礼的地方冒犯了主人。当时虽然是初次拜访别人家，但离开的时候心里却想："唉，他们再也不会邀请我了。"

当绞尽脑汁地建立自己的家庭规则时，你可能会在这些事情上下功夫：个人的名誉和地位、室内装潢的奢华程度——这是匮乏导致的普遍的不安全感在作祟。其实在内心深处，大多数人都希望摆脱这些。我们想要真正地活着，并因为真实而获得别人的接纳。

这时你会走向另外一个极端，选择懒惰地应对家庭规则——那就是没有任何规则。

懒人天才的家庭规则与这两种极端的方式都截然不同。当孩子把一块饼干掉在地板上时，你赶紧用塑料布罩住沙发，并四处寻找除尘器——伙计，别这样，这不是真正的生活。这是一种自我防御模式，这种模式很快就会让你疲惫不堪。但是，这并不意味着只能住在堆满可疑物品的杂乱房间里。

懒人天才的家庭规则是为你和家人做重要事情提供支持和鼓励的一种简单选择。这些家庭规则是具体的、实际的，它们旨在建立一种促进家人沟通和联系，而不是让家庭时刻处于防御模式的家庭氛围。

接下来，我们来看看合适的家庭规则是如何帮助我们的。

促进关系，而不是建立防御

我们都有过多米诺骨牌快速倒向错误方向的经历。不知为何，一个选择无意中会引发更多意外的选择。然后，一切都乱套了，我们也不知道哪里出了问题。

一般来说，此刻你的反应是去保护某样东西：比如刚打扫完的房间，刚洗干净又无故被弄脏的衬衫，还有清醒的头脑。这是人的一种自然本能，但是它并不能将你引向有益的方向。

也许你放弃了。自我封闭，心不在焉地应对每个问题，并且感觉自己一无是处。你也可能感到愤恨不已（顺便说一下，那就是我的反应模式）。当生活持续处在混乱中时，我会责骂孩子，痛斥他们是一帮懒虫，而不是深吸一口气，告诉自己去关注生活中最重要的事。

在那一刻，别忘了，清理一杯打翻的牛奶要比抚平一个二年级孩子的心理创伤容易得多。

对不同的人来说，混乱的生活有不同的意义。但是，在特定的情况下，你可能会抱怨房子太小，存款太少。你可能会因为丈夫帮不上什么忙而沮丧不已，也会因为浏览社交网站而陷入攀比，让防御心理继续滋生蔓延。

这就是我经常一边生气，一边吃巧克力发泄的原因。

是的，我喜欢一切井井有条，可是我不想以牺牲我与家人以及自己内心之间建立的亲密关系为代价。这就是懒人天才家庭规则与随心所欲的武断规则截然不同的原因。家庭规则旨在帮你有效地应对日常生活，以确保在你尚未准备好之前，生活的多米诺骨牌会一直保持站立；在你做好充足的准备之后，它们会按照你想要的方向依次倒下，而不会因为孩子忘记收拾好果汁的意外情况就让骨牌朝着相反的方向倒下。

促进关系，而不是建立防御，这才是生活的目标。

防止第一张多米诺骨牌倒下

踩在撒满一地的乐高玩具上不会让我勃然大怒，但当我清理完沙发上的鼻屎，发现一张两周前就已失效的校外活动家长同意书，或者当我想起数小时前我把一加仑牛奶落在了面包车里，如果这时再踩到散落一地的乐高玩具，我一定会发疯的。

如何找到第一张多米诺骨牌，并防止它倒下？留意你何时进行自我防御，而不是关注你何时与家人联络感情。你通常什么时候会进行自我封闭，或者什么时候会火冒三丈？上高中的孩子做什么会让你暴跳如雷？

找到这个关键点，通过建立家庭规则以防止第一张多米诺骨牌倒下，从而确保其余骨牌保持竖立——也确保你与家人维持亲密的关系。

记住懒人天才总是从小处着手。一次只遵循一条家庭规则。确保家人都遵循家庭规则，看看接下来会发生什么。

没有一条规则适合所有家庭

对我有效的规则，并不一定适合你。因为我们会对不同的事项划分不同的优先顺序，我们会被不同的情感所触动，我们对亲密关系有着不同的体验。

当我分享自己的家庭规则时，请多留意我是如何制订每条规则的，而不是关注规则本身。对你来说，了解我制订家庭规则的过程，比严格遵循我制订的家庭规则更重要。即使照抄别人的规则让你更有安全感，也不要这样做。你应当相信自己的判断，选择对你最有效的规则。

接下来，让我们一起来看看我制订的一些家庭规则。

放学后的家庭规则

我已经分享过放学后家里乱成一团的情况。在接孩子放学回家后到晚餐这段两个小时的时间里，安排很多的家庭任务是愚蠢的，这样极易让我成为愤怒的绿巨人妈妈。

通过运用"魔法问题"，我消除了很多焦虑：我现在做什么，能让放学后的时光轻松一些？答案是：零食拼盘。但是准备零食拼盘不是家庭规则。我不会每天都准备零食拼盘，这不是防止多米诺骨牌倒下的唯一方法。

对放学后的情形做了一段时间的观察之后，我意识到：让我情绪失控的触发点是孩子们扔在地板上的学习用品——这也是我的第一张多米诺骨牌。儿子们一回到家，就把书包和午餐盒扔在地板上。不到两分钟，我就会被这些东西绊倒，像极了在野外躲避猎人陷阱的猎物。我的生存本能也因此得到了高度提升。

这些散落一地的东西，除了激发我的应激反应，还会诱使他们把所有东西都扔出来。不仅是书包和午餐盒，他们还把家庭作业夹和校外活动家长同意书摊在地板上，不一会儿的工夫所有东西就全都混在了一起，这让地板看起来就像百慕大三角。杂乱就像磁铁一样，吸引了更多的东西。跟厨房台面上的杂乱相比，地板上的杂乱更让我不知所措，但是这些对孩子们来说更具诱惑力。

蹒跚学步的小妹妹也被吸引了过来。看到哥哥扔在地上的美术作业，安妮以为这是给她的玩具。她才三岁。对一个三岁的孩子来说，地板上的所有东西都是好玩的玩具。哥哥看到她在摆弄自己的作业，心都碎了。他大声地尖叫，哭了起来。另外一个哥哥因为不知道如何安抚另外两人的情绪而不知所措，也跟着尖叫痛哭起来。我赶紧过去阻止安妮，却被另外一个书包绊倒了，只好眼睁睁地看着她把哥哥的作业撕成两半。

你以为我在开玩笑？这种情形几乎天天发生。可怜的卡兹每次下班回家，都会看到一场激烈的情感大戏。

猜猜我们家现在放学后的家庭规则是什么？

把学习用品放在厨房的台面上！把学习用品放在厨房的台

面上！

　　每天孩子进门时，我总得提醒他们好几次，因为他们总是忘记这条家庭规则。但是，唠唠叨叨总比乱成一团要强得多。

　　这条规则已经彻底改变了放学后的情形。家里再也没有变得凌乱不堪。孩子们的家庭作业和校外活动家长同意书再也没有弄丢过。我再也没有被绊倒过。安妮够不到厨房台面，她再也不能捣乱拿走两位哥哥的学习用品。我再也没有因为芝麻大的小事而生气，变成让人恐怖的绿巨人。不仅如此，我与孩子们放学后的关系还变得更亲密了。

　　这条放学后的家庭规则阻止了第一张多米诺骨牌的倒下，下午时光也变得平和安宁多了。当然不是完全的平和安宁，因为那是不可能的。但是，多亏了这条简单的家庭规则，我们才更有可能在晚餐前相安无事，取悦彼此。

厨房台面的家庭规则

　　所有设计类书籍和家居频道的节目都告诉人们，厨房是家的核心。这大概就是我们经常感到心脏快要骤停的原因。所有食物都必须在厨房里烹饪。除此之外，这里可能还堆满了其他非食物类的物品，比如邮件或者需要送到二手寄售商店的几包衣服。这里也是家里脏得最快的地方，因为这里是家人一日三餐吃饭的地方。

　　如果厨房的凌乱不堪让你窒息，觉得实在无法应对，这时正是让糟糕的念头推翻一排多米诺骨牌的"好机会"。

除了你，家里没有人关心厨房是否整洁干净，为此你感到沮丧，想要逃离这一切。

你在厨房的台面上发现自己心爱的笔被淘气的孩子沾上了一团花生酱，你简直要疯了。

你告诉自己，这一切都是你的错。你不会持家，总是出差错，同时你也指责家里的每一个人。

这听起来有些夸张，但是事实就是这样。你突然把繁杂琐事看得无比重要，你也不知道自己为什么对凌乱的厨房有这么多的负面情绪。

厨房的家庭规则并不是让你忽略这些感受，也不是让你控制厨房和生活。这些都是防御模式。相反，厨房的家庭规则能够帮助你做重要的事情，避免你在不想要的生活中越陷越深。

如果这种生活方式始于对凌乱厨房的沮丧，那么试试这条家庭规则：别把厨房的台面当储藏室。

如果你把厨房的台面当成另一个壁橱或抽屉，就会把什么东西都放在上面，并且永远都是这样：把一堆邮件扔在果盘上；把开瓶器放在洗洁精旁边；图书馆借来的书也堆在水槽边。

杂乱就像磁铁。厨房台面上放的东西越多，就越乱。你的情绪也变得越糟糕。也许你比我有定力，当我暴躁、恼火的时候，很难专注于维持和家人的亲密关系。不是说完全做不到，但是真的很难。

使用你的厨房，让它发挥自身的效用。这样的家庭规则，并不是要让厨房看起来像时尚杂志拍照的地方或待售房屋的一角那样一尘不染。我们得现实点儿。但是，如果你发现自己的厨房没有如你所愿地发挥作用，杂乱不堪的台面可能就是罪魁祸首，建立一条家庭规则会对你有所帮助。

检查一下厨房台面，看看哪些东西可以拿走。不要马上动手，只是查看一下。盛香蕉和橘子的碗放在厨房台面上挺合适的；装塑料袋的袋子放在上面就不合适了。炉灶旁边放装有平勺和夹钳的罐子挺好的；放一摞杂志就不好了。胡椒研磨器放在厨房台面上挺好的，但是你得越过一瓶碱式水杨酸铋（Pepto-Bismol，一种抗腹泻药）才能拿到它，这就不太合适了。我以前就从来没有想过这些。[01]

"厨房台面是为了服务于你，而不是为了充当无盖垃圾抽屉。"也许这条家庭规则能让你感到轻松一些。当你享受到厨房的用处和宽敞的台面时，你会觉得心情舒畅。那么即使今天下午你在厨房准备晚餐时忙得不可开交，同时女儿坐在旁边做串珠手链，你也不会因为她的添乱而感到恼怒。

相反，能更轻松地增进你与她的亲密联系。

---

01 其实我以前想到过。可惜，当时那里放的是一个汤锅。

衣橱的家庭规则

这是一条更多地针对我自己，而不是针对全家人的家庭规则，但是它同样有用。

我最敏感的一个地方就是身材。之前提过，我对自己的相貌很不自信，所以我买了一大堆衣服来掩盖这种不自信。

如果衣服穿起来很舒服，我就更容易让自己自在起来。不管是从字面意义上，还是象征意义上，我都可以与人建立联系，而不是躲起来或为自己的存在而感到抱歉。

多年来，我都不相信自己对自身穿着打扮的看法，所以总是寻求别人的意见。询问女性朋友对自己新买的裤子有什么意见，这种方法的确不赖，但是从很多方面来讲，这样做是很容易受到别人影响的。

我的问题正在于此。相对于自己的判断，我更相信别人的意见。所以我根据朋友、妈妈和时尚杂志《返璞归真》（*Real Simple*）的意见买了很多衣服。如果我喜欢的毛线衣别人不喜欢，我就不会买。如果别人说我穿裙子"很可爱"，我就会买下它，即使我感觉自己穿上它就像一个装饰浮夸的纸杯蛋糕。纸杯蛋糕连衣裙很棒，但我更喜欢黑色、牛仔面料、偶尔再有些条纹装饰的裙子。当我穿得跟史蒂夫·乔布斯（Steve Jobs）差不多时，自己才感觉自在。

因此我有一个衣橱，里面装满了从未穿过的衣服。当朋友告诉我，有些衣服让我看起来很漂亮时，他们错了吗？没有。但只有我知道自己想穿什么衣服。如果衣服穿起来不太舒服，我会对自己的相貌更敏感、更不自信，从而无法把注意力放在我的沟通对象上。

一个按照他人意见填满的衣橱，无法引导我们与他人建立联系，只会让我们构建起防御心理。

你猜到了，我给出的使用衣橱的家庭规则是：不买别人推荐的衣服。

这是适用于所有人的普遍家庭规则吗？当然不是。但这是我防止自己的第一张多米诺骨牌倒下的家庭规则。

其他让人不那么焦虑的家庭规则

也许我在本章开始投入了太多的负面情绪，接下来我们聊点儿轻松的话题。

当你只专注于重要的事情时，你就会发现，这些事情做起来其实特别简单。

阅读的家庭规则

我热爱阅读，但又容易失去阅读的动力。为了解决这个问题，我设立了一条家庭规则：读完一本书后，24 小时内开始读另外一本书。

如果你喜欢揣摩读过的书，回味书中的内容，那么这条家庭规则不适合你。但我不是这种读者。我喜欢读反乌托邦小说。书中通常有一位深陷苦恼的女主人公、一个需要推翻的父权社会，而女主人公对父权社会中的某个男人患有单相思，另外书中还有一些关于魔法武器或星际武器的精彩描述。通常来说，这类图书传递的信息不必过多揣摩，也不会令我望着窗外沉思很久。

我深知，如果读完一本书，我没有在一天之内开始读另外一本书，就会失去读书的动力。既然我喜爱书籍，在买书上花的钱比买任何其他物品都要多，那么我就要培养支持这个爱好的习惯。这很重要。

我的书架上放满了自己喜欢的书，手提包里装着电子阅读器，还有一个可以简单快速地记录学习内容的系统，但是我个人最需要的是一条能推倒第一张多米诺骨牌的家庭规则。

关于吃饭时使用手机的家庭规则

我感觉很多家庭都有这方面的规则。我们家暂时没有，一方面是我们的孩子还没有手机，另一方面是我们吃晚餐时习惯与祖父母进行视频通话。

也就是说，吃饭时不看手机的家庭规则，源自人们想要增进家人之间联系的渴望。

吃饭时看手机可能推倒第一张多米诺骨牌，导致全家人都不专心吃饭，也不关注别人。没有人说话，大家都沉默不语，这让你非常生气。作为父母，你可能会觉得自己很失败，并为此自责不已。（也许这样想又有点儿极端了。）

手机本身不是魔鬼，但是如果手机分散了人们对重要事情——比如餐桌前的沟通——的注意力，可以考虑制订一条家庭规则，防止第一张多米诺骨牌的倒下。

关于打扫卫生的家庭规则

混乱不是坏事。实际上，混乱是生活的标志，但是多个混乱叠加在一起有时候会导致杂乱，并让人感到窒息和沮丧。

为了有意地控制生活中的混乱，我们制订了一条打扫卫生的家庭规则：在造成新的混乱之前，清除现有的混乱。

在烤制蛋糕前，我先清理晚餐留下的食物残渣。在客厅地板上摆放风火轮、小汽车轨道前，孩子们得先清除他们放学后完成美术作业时留下的污迹。在全家一起玩闯关真人秀节目《美国忍者勇士》（*American Ninja Warrior*）的沙发枕头游戏之前，我们会先收拾上面的脏衣服。

这是一条专注于重要事情的简单家庭规则——适当的混乱可以增进家人之间的联系。

关于寻找钥匙的家庭规则

你不喜欢匆匆忙忙，也不喜欢迟到。

如果你经常丢钥匙，或者读高中的孩子意外地把钥匙装在牛仔裤口袋里，而他现在又不在家，从而带来一系列麻烦，那么请制订一条家庭规则：钥匙只能放在这个篮子里，不能放在其他地方。

每个人都遵循这条规则，每个人都知道去哪儿找钥匙。找钥匙是第一张多米诺骨牌，只要能找到钥匙，就不会引发其他的多米诺反应——自己不会感到沮丧，也不会给孩子贴上"不负责"的标签。

不是为了控制的家庭规则

你想要阻止哪一排多米诺骨牌的倒下？哪些习惯会阻碍你专注于重要的事情？

留意在什么情形下，你会丧失专注力，或者忘记和家人保持亲密关系，然后往回推。一旦找到第一张潜在的多米诺骨牌，就针对它制订一条家庭规则。

我重申一遍，这么做不是为了控制。我们不是要成为一大群冷血的机器人。因为混乱总是存在的，情绪崩溃也在所难免。多米诺骨牌倒下的时候，我们可以为此向家人道歉。

针对这些情形，与其辩解说"这就是现在的我"，还不如制订一条可以帮我们成长的家庭规则，让我们成为更好的自己。这些规则为我们提供了实用技巧，让我们在变成自己不喜欢的样子时保持深刻的洞察力，帮助我们专注于重要的事情。

找到运用这些规则的领域，邀请家人一起遵循这些规则，然后看看生活顺心了多少。

本章小结

• 家庭规则旨在增进家人联系，而不是建立心理防御。这些规则是为了防止第一张多米诺骨牌倒下并撞倒更多的多米诺骨牌。

• 没有一条家庭规则适合所有的家庭。选择最适合自己的家庭规则。

• 制订家庭规则的目的不是为了控制，而是为重要事情——增进与家人的感情——预留更多的空间。

迈出一小步

你家会经常吵架吗？可以在轻松愉快的氛围中和所有家庭成员一起聊聊这个问题，大脑风暴出一条简单的家庭规则，以防止沮丧感升级为争吵。建立家庭规则不是你一个人的责任。事实上，全家共同努力才是一家人最美好的经历之一。

接下来，让我们用一章的内容来探讨其中的一条家庭规则：让每件物品物归原位。

现在开始吧。

让每件物品物归原位

我的内心深处一直渴望生活在一个小房子里。浴缸也是菜板，壁橱兼作冰箱。每件物品要么是白色，要么是松木色，听起来是不是很棒？

要是真有这样的地方，我真想拥有一个。

真的，我想要的就是极简主义。

对我来说，小房子或者房车吸引我的地方在于没有混乱。一眼望去，你便可以看到自己所拥有的一切。因为狭小空间的有限性，即使东西不见了，你也知道去哪里找。

即使超小的房子对我们毫无意义，我仍然着迷于它的那种极简的感觉。在我看来，要想对物品有所掌控，就得从零开始，并且只使用很少的物品。

当我意识到自己无法心平气和地卖掉所有东西时，为了不用再清理橱柜，我决定偷懒，任凭橱柜里越来越乱。没有规则，各行其是。可是这样下去，我会变成囤货狂，到时候可怎么办？

不管是积极处理，还是偷懒懈怠，我家的凌乱程度都可以比拟真人秀节目现场。从长远来看，这两种处理方式都不好。我们需要找到合适的方法处理日常使用的物品。幸运的是，我们确实找到了一个。

关于生活空间的事实

不管有多少物品，懒人天才都会遵循这样的家庭规则：让每件物品物归原位。这意味着，每件物品都需要有它的专属位置。

如果你认为自家的房子很有限（确实是有限的），同时认为家里存放物品的空间也很有限（确实也是有限的），那么你就得为放置物品制订规则。你只有这些空间来放置物品。

家里的状况让你疲于应对，很可能是因为你把家当成了一个巨大的垃圾箱。我的意思不是说，你家里的东西都是垃圾，而是说你像扔垃圾一样随意地堆放物品。

当你把物品随意堆放、塞进不同的篮子时，你并没有给每个物品安排一个专属位置，以便在需要时可以再次找到它。

等你下次再看到它时，它正躺在一堆杂物里。

你可能跟我一样，看到一堆杂乱无章的东西会有一个反应——一把火烧掉算了。东西太多了，你准备全都扔掉。可是杂乱并不一定就意味着东西太多了。杂乱意味着，这些东西没有放在真正属于它们的位置。当你把每样东西物归原位时，即使房子的空间有限，你也能住得很舒心，而且重要的东西一样也不少。

你不必成为极简主义者，只需要收拾好你的物品。

为重要物品腾出空间

我有几百本书，所以置办了好几个书架。我非常喜欢书籍，也乐于全身心地投入阅读。因此对我来说，最重要的事就是为书籍和阅读腾出空间。这是把物品放在合适位置的关键。家里容纳的，应该是对你和家人来说最重要的东西。如果一件东西明明不重要还保留下来，它就占据了重要东西所应有的空间。

如果我用非书籍类物品装饰我的书架，就像所有时尚杂志拉页中看到的那样，这样确实漂亮，但是毫无用处。小装饰品和花瓶占据了图书的空间，而这些图书对我来说远比花式书架重要得多。

如果你像我一样喜欢阅读，也许解决图书存放问题的办法不是再买一个书架，而是从书架上清除那些不太重要的物品。拥抱重要的，放弃不重要的。

当你按照家里有限的空间把每样物品都物归原位时，那些没有地方存放的物品就是要清除的杂物。

为重要物品留出空间，你会明白哪些物品其实并不重要。

用大垃圾袋清除废旧物品

每次有人提醒我应该把房子收拾得简洁干净一些时，我的第一反应就是拿起一卷黑色的大垃圾袋，把所有东西都装进去扔掉。我开车去这条街的旧货商店捐赠品投放区的次数多到连自己都记不清了。

我迷上了这种方法。"重新开始"总是让人向往，不过最好不是"犯罪"后的从头再来。你想清理日程表，把过去全部扔掉，但这不过是权宜之计。

像许多宏大的系统一样，用大垃圾袋清除废旧物品的作用仅此而已。家里立马变得井井有条了，但不知为何，混乱很快又卷土重来，和六个月前相差无几。为什么会这样？

你需要做的可能不是减少家里使用的物品，你真正需要的是养成更好的收纳习惯。

从小处入手，专注于在日常生活中养成使用物品的良好习惯，你的家里将会变得更整洁、更具吸引力，甚至连你自己都没有意识到这是怎么做到的。

要不要试试？接来下我们聊聊收纳习惯。

习惯一：尽快将每件物品物归原位

家里的物品就像磁铁一样具有吸引力。我敢说，你会在 5 分钟内把一封放在厨房台面上的邮件扔到那摞厚厚的必胜客优惠券上去。不知不觉，家里的东西就已经堆得老高了。如果你没有定期将物品各归其位，很快你就又想扔掉或烧掉它们了。这两种方法都不是我们要讨论的。

尽快将每件物品物归原位，这样可以避免杂物越堆越多。推倒第一张多米诺骨牌，确保整个居家环境为重要物品留出足够的空间。

从小处着手，尽早开始执行。例如，早晨泡好咖啡后，收好咖啡伴侣，将勺子放进水槽或洗碗机中。倒完最后一杯咖啡，马上冲洗咖啡壶。鼓励孩子倒好麦片后马上把它收起来，而不是等到他们慌忙地出门上学时才命令他们去做，或者更糟糕的是，等到数小时后该做晚饭了需要清理早餐垃圾时再去收拾。进门时，立即把邮件放进篮子里。度假回家后，马上打开行李箱整理衣物。

现在我对完全自动化的机械生活不再感兴趣，不过这条家庭规则听起来与其有着惊人的相似。尽管将物品物归原位的关键不是为了拥有完美的房子，也不是为了让自己成为打理生活的高手，这样做是为了让你的物品不要像真菌一样在房间里四处蔓延，让你不再充满负能量。

收拾好家里的物品，会让你感恩自己所拥有的一切，而不是为物品占据了诸多空间而感到沮丧。

习惯二：买东西前，先想好在哪里摆放

你带回家的每样东西，不管是食物还是衣服，不管是小装饰品还是储物篮，都需要一个存放的位置。

你在商店想买一件东西时，通常考虑的都是这件东西是否物有所值或者是否买得起。我们喜欢购物，喜欢新东西带来的新鲜感，尤其是商品促销、价格优惠的时候。

要是你问自己，这件东西买回去以后放在哪里，你会怎么回答？

"我会找个地方来存放它。"这样的答案可不行。

你能想象把它放在食品储藏室或橱柜中的什么地方吗？是不是要千方百计地把它塞进柜子里才行？你是否真的确定这件东西对你和家庭都非常有用？

买东西前问自己这些问题，是一个非常有效的收纳习惯。我完全赞同购买一些有趣的东西，但是买之前一定要确认这件东西对你真的很重要，而且家里有足够的空间来存放它。否则，把它买回家只会让家里更乱。

习惯三：清理没有用的垃圾

在这一点上，我做得比其他人强不了多少。我忽略了很多垃圾，你可能也是如此。

一想到垃圾，我脑海里浮现出来的就是那些明显让人觉得有点儿恶心的东西，像面巾纸、脏尿布、咖啡渣等。但是垃圾也包括你重新放回玩具箱的那些已经损坏的玩具，至今放在咖啡桌上的旧电视的遥控器，还有合不上的发夹。

家里摆放的东西越多，我们越是忽略它们的存在，尤其是那些已经没用成为垃圾的东西。不要把它堆在那里，让房子乱上加乱，它们对其他垃圾具有惊人的吸引力。清理垃圾，让它回到真正属于它的地方吧。这道理显而易见，但我们通常会忘记这样做。

习惯四：每天收拾一件东西

家里的某些区域被杂七杂八的东西塞得太满了，让人感觉这一问题无法克服，亦不可逾越。

你知道我指的是哪些地方，因为每个家庭里至少都有一个这样的地方。可能是厨房台面、杂物抽屉、卧室梳妆台或者大厅壁橱。通常来说，收拾这些杂七杂八的东西是一件非常让人厌烦的事情。更糟糕的是，如果这些东西无处可去，你还得为它们找一个存放的地方。大多数人会找一个地方随意堆放这些东西，直到有时间了再着手收拾。

但是，我们从来不去收拾。

慢慢地，这些东西像磁铁一样越积越多，这时你又开始羡慕住小房子的好处，于是上网搜索小房子的信息。

而你真正应该做的，是从杂物堆放区域中选出最小、最容易处理的一部分，每天收拾一件东西。

就收拾一件东西。

这种方法听起来微不足道，但是这样做你可以实现两个重要目标：第一，你正在逐渐把每件东西物归原位，放回的速度再慢也比原地不动要好；第二，你正在养成把每件东西物归原位的习惯，这个习惯将让你受益无穷。

习惯五：每周进行一次小扫除

不管你安排得多么井井有条，家里的每个区域都需要偶尔打扫一下。

清除那些你不需要或者对你不再重要的东西，为那些你真正需要或者对你非常重要的东西留出空间。这种行为是很有好处的。

如果能够做到每天收拾一件东西，可以在可能的情况下，尝试每周进行一次小扫除。选一个闲暇的日子，清扫一个小空间。

房子越大，需要打扫的小空间就越多。但是如果每周都定期扫除这些小空间，你就养成了定期清理家里废物的习惯。这样就不至于每次都因为清理杂物的工程太浩大而把自己搞得疲惫不堪。

这些小空间可能指的是杂物抽屉、儿子的镜台、浴室柜下面的空间以及客厅的玩具篮。这些空间大小不一，但是我劝你不要对整个房子进行大扫除。大扫除要处理的东西太多，太费时，所以从清理小空间做起。

记住，你不是在整理秩序，你是在进行清理。把那些不再需要、不再重要的东西扔进垃圾袋或垃圾箱，送到该送的地方去。

这样你就会有更多的空间存放重要的东西。

这样做风险低、压力小，但是效果明显。

习惯六：收拾玩具带来的乐趣

"肯德拉，谢谢你的意见和先进的理念。请问我该如何处理小捣蛋鬼们的玩具卡车和茶壶？我刚收拾好，过不了两分钟，就又弄得到处都是了！"

这位妈妈的苦恼，我完全赞同。真的太烦人了。

我们一起玩个游戏，想象一下两种不同的家庭场景。

场景一：收拾玩具真的很难。既然房间里永远无法保持整洁，那么为什么还要费力地去收拾呢？把玩具放在外面，孩子玩起来也方便。但不知为何，即使地板上和咖啡桌上都摆满了孩子喜欢的玩具，他们还是郁郁寡欢，抱怨没有东西可玩。

这是因为他们的选择太多了，而且很可能留意不到眼前的玩具。因为没有把每件东西物归原位，所以混乱就成了背景底色。

现在你有两个问题要解决，一个是物品归置问题，另一个是孩子安抚问题。不用谢我。

场景二：每天收拾一次玩具，当然也可以让孩子收拾。晚上收拾一遍，这样孩子们第二天一醒来，便可以打开玩具篮，倒出玩具，再次体验玩具带来的乐趣；也可以在午睡前把玩具收拾好，这样孩子们睡醒时就可以开始新的玩法，而不会被眼前的凌乱搞得不知所措、不知如何下手。

记住我们为什么要将每件东西物归原位：确保有足够的空间来放置那些重要的东西，建立内心的满足感，与家人建立亲密关系。

我们所做的一切都是为了建立亲密关系，因为这是最重要的。

我们整理打扫，就是为了建立新的混乱。这真让人恼火，但最终也是值得的。

不要让错误的目的欺骗你

记住，作为懒人天才，你可以关注对自己重要的事情。

如果整洁的房间很重要，那就收拾起来。

如果干净的房子能让你快乐，那就充满干劲地打扫起来。

但不要被骗了。

整洁不会让你变得更好，杂乱也不会让你变得更糟。

你可以生活得井然有序，可以在朋友来做客前打扫干净，可以有选择地购物，因为杂乱会对你的内心产生消极的影响。

你也可以生活得杂乱无章，可以邀请朋友到凌乱的家里做客，可以买一堆你并不需要的东西。

我们中的大多数人在这两种生活状态中摇摆不定。

遵循将每件东西物归原位的原则时，你会体验到快乐。整洁的房间，让人舒服。一个摆放得井井有条并不满溢的橱柜，一开一关，令人愉悦。一眼望去，所目即所有，又令人满足。

但是，这些与你的自我价值都无关。别忘了这一点。房间可能反映主人的个性，但房间的状态并不代表主人的价值。

本章小结

· 不管家里的空间是大还是小，按照有限的空间去生活。每个人的家庭空间都是有限的。

· 把每件东西物归原位，你会明白哪些东西无足轻重。只留下那些重要的东西。

· 家里混乱不堪，可能是因为东西太多，也可能意味着你需要改进收纳习惯了。

迈出一小步

今天收拾一件，明天再收拾一件。

每次我在懒人天才在线社区讨论房间打扫问题时，总有人说："我喜欢这个话题。如果家里整洁，我就可以邀请朋友过来做客了！"我们曾经提到，无论房间是否整洁，都可以邀请朋友过来做客。但是让别人进来——不仅仅是踏进你的家门，也是走进你的生活——到底意味着什么？

法则八

敞开心扉

每年，我们小教堂里的姐妹们都会一起去海滩度假。度假期间，我们经常玩"热凳子"的游戏。你以前可能没听说过这个游戏。游戏规则很简单：一人坐在前面，其他人随机向她提问。通过这个游戏，我们可以互相了解，听到一些关于分手、最喜欢的电影、最后一次尿裤子等方面的故事。

轮到我的朋友弗朗茜坐"热凳子"了，她走到凳子跟前说："我很矛盾，既想躲在后面不出来，又想让你们了解我！"所有人哈哈大笑，因为大家对此都感同身受。

我们既想与他人互动，渴望被了解，与此同时，又不想暴露自己不堪的一面。

由于害怕不被接纳，我们隐藏了想与他人建立联系的渴望。

他们会喜欢我吗？

我会喜欢他们吗?

怎样约到喜欢的人一起出去玩?

我喜欢独处, 有时又感到孤独, 怎么办?

我只能勉强养家糊口, 怎么坦然地邀请别人到家里吃晚餐?

大多数人都会有这样或那样的问题。如果你感觉自己像一个奇怪的群居毛虫, 还没有真正地化茧成蝶, 那么不用担心, 因为在某种程度上, 我们都害怕向别人敞开心扉。

我这方面的经历也是相当糟糕的。你想听听吗?

好的, 听我从头细说。

从冷漠孤僻到敞开心扉

如果每次有人说:"我们是朋友。我很喜欢你, 但又觉得一点也不了解你。"我就可以得到一美元的话, 那么我已经有六美元了。

拿钱来打比方可能不是最恰当的。但作为一个成年人, 只有十二位好朋友, 其中六位说不了解你, 这个数字就相当令人震惊了。

在交朋友这件事上, 懒人和天才的方法我都试过。

一开始, 我喜欢独来独往, 自恰从容。即使我被排除在受邀名单之外也不介意, 从而忽略了他人想要了解我的善意。我一心想要的, 就是从别人眼前消失。

我来分享两段颇具启发性、可能又很尴尬的经历。

第一段发生在我读高中的时候。当时, 有几个朋友还算喜欢我,但我从不在放学后或周末跟他们一起出去玩。我们会一起吃午饭，在大厅遇见时也会相互问候，但我和任何人都不是好朋友。虽然我的内心深处很希望做他们的好朋友，但是没有人知道这一点，因为我当时表现得对现有关系心满意足。

在学校，我与其他人保持距离，不希望与任何人产生纠葛。即使别人不认识我，我也无所谓。我做到了。在毕业典礼上发表感言时，我听见有同学在下面窃窃私语："那是谁？她也是毕业生吗？"

她也是毕业生吗？

我的目的达成了。天哪！但是我却感到沮丧不已。

第二段是我读大学时的经历。大一时，我与其他七位女孩合住在一起。她们总是邀请我，去家里共度周末或者参加派对。由于害怕向他人敞开心扉，我假装毫不在意（即使我当时很在意），拒绝了每一个邀请。无数个晚上，我独自待在宿舍里，吃着巧克力软糖冻酸奶，看着《我爱露西》[01]。

哎，真是太无聊了。

一个人太孤单了，因此从大二开始，我就积极努力地结交朋友。我特别在意自己在别人心中的形象，所以设法让自己瘦下来（正是那时我开始严重饮食失调），我也确实做到了。我认为，好朋友应该是完美无瑕的：身材苗条、面容姣好、广交朋友、行事端正、聪慧

01　《我爱露西》（*I Love Lucy*）是一部美国情景喜剧。——编者注

伶俐。

是的，你猜对了，大学四年，跟我关系特别好的同学确实很少。[01]

庆幸的是，过去十年里，我对友谊的看法改变了。

渐渐地，我开始理解并接纳友谊中的要素——开诚布公、肝胆相照、不打不相识。我开始努力践行这些原则，广交朋友，让自己变得更好。因为自己的真实获得别人的爱，并以相同的方式去爱别人，这是我结交朋友的新方法。我再也不会回到过去的那种状态了。这个方法太好了。

我知道，对于懒人天才来说，这个方法显得有些奇怪。但是如果你想拥抱生活中最重要的部分，人际关系便是重中之重。如果你想专注于生活中有价值的东西，就需要他人伸出援手。

向他人敞开心扉，会是怎样的景况呢？

为什么我们彼此需要

人际关系可以让你更好地了解自己。通过与外界对话，你会对他人、对世界更有信心。当你忙得不可开交的时候，朋友会帮你照看

01　杰丝，实在对不住你。谢谢你一直对我的关怀，即使我显得不冷不热。我知道我们的关系在你的记忆中会有所不同，但我多么希望那时就接纳了你。我有很多机会，却都没有抓住。我也知道你正在读这本书，因为即使身在远方，你仍然是我最忠实的支持者。感谢你如此忠实地爱护我坚硬的棱角。

孩子，甚至给你送来晚餐。当你面对重大决定不知所措的时候，朋友提出的问题能够让你茅塞顿开。他们会逗你开心，还给你推荐《善地》[01] 和大富翁 [02]。

当你敞开心扉时，你会收获支持与友爱。随着时间的推移，你与群体中的人们变得更加以诚相待。

没有人际关系，没有群体联系，我们将无法舒心地生活。

在《不完美的礼物》（*The Gifts of Imperfection*）中，我最喜爱的社会学家布勒内·布朗（Brené Brown）把爱定义为："当我们允许最脆弱、最强大的自我被深刻了解和认识的时候，当我们心怀信任、尊重、善良和喜爱之情，因为彼此了解和认识而建立的精神联系备感荣耀的时候，这就是爱。"

再内向的人，也需要别人的接纳和关怀，也需要与人打交道，与人分享人生中的重要时刻。

我们需要相互给予爱，也要接纳爱。

这个原则的确没有"魔法问题"那样引人注目。但是我们也可以提出"魔法问题"：你现在做什么，可以使以后的生活更轻松一些？答案就是：敞开心扉，多交朋友。

毋庸置疑，不管是在程度上还是方式上，我们对与人交往的期待各不相同。但我们可以按照自己的方式遵循以下原则：

01　《善地》（*The Good Place*）是一部美国情景喜剧。——编者注

02　大富翁，又名地产大亨，是一款棋牌游戏。——编者注

邀请别人来家里做客，敞开心扉，让他们了解你的生活、焦虑以及方方面面。

如果你暂时还没有准备好，不想让人看见你的脆弱，那就别为难自己，我们还是从一小步开始。

邀请别人来家里做客

你希望有知心朋友，但聪明如你，也知道知心朋友不是一两天就能处成的。不过，深厚的友谊通常是从一起吃意大利面，共享一锅汤开始的。

从小处着手，邀请别人来家做客。

别犹豫，可以的话，这周就邀请她来。

此时此刻，因为诸多原因，你可能依然对我的建议心怀顾虑：

- 在你看来，招待客人必须用最美味的饭菜，可你对下厨一窍不通。
- 你忙了一整天，下班到家后，根本不想说话，所以采纳我的建议有点儿难。
- 你以前被拒绝过，担心重蹈覆辙。

这些问题都是真实存在的，我也深有体会。但这次你要把这些理由抛之脑后，看看结果究竟会怎样。

记住：你不必道歉。我的意思不是说，你伤害了别人或无意中踢到朋友的脚也不道歉，而是说，你不必为自己的房子、食物以及任何不足而道歉。当你看到了不足，并想确保其他人知道，你其实了解自己存在的不足时，不必道歉。

"不好意思，这里太乱了。"

"实在抱歉，这里太暗了，我们一直想着要粉刷这个房间的。"

"对不起，这个还没完工，我们一直想尽快结束的。"

"饭菜做得不好吃，请别见怪，我真的不大会做饭。"

不要这样。[01]

我的好友麦奎琳·史密斯是一名家居大师，她在其著作《巢居》（*The Nesting Place*）中写道："我意识到，当我为自己的家不停道歉的时候，其实是在告诉别人：我不满意自己的生活状况；我会默默地努力为自己的家加分；我一直非常重视家的外观；而且可能的话，只是说可能，去你家拜访时我也会这么想。"

也许你总是严以律己，宽以待人，但其他人并不知道你的善意。如果邀请别人来做客时，你为凌乱的房间道歉，那么无论房间是否真的如你所说，你的道歉都会让客人紧张起来。这就违背了你邀请客人过来的初衷：建立联系，增进感情。

你敞开心扉，为的是结交朋友，不是为了与人攀比，也不是为了用理想的标准来评判自己的生活。

你邀请别人来家里做客，是因为人际交往无比重要。建立联系、

01　对于收听本书有声版的读者来说，真的不好意思，让你们反复听到这么多"道歉"用语。

促膝谈心、开心大笑、品尝美食、不掩饰自己的弱点，这些都非常重要。既然它们无比重要，你要做的，就是珍惜它们，并为之付出，而最简单的方法就是邀请别人过来做客。

我的几点建议

你需要什么建议吗？我很乐意分享自己的看法。

吃个家常便饭

不管对方是一个人，还是几个人，甚至一家人，你都可以邀请他们到家里吃个便饭。

你可以自己做饭，也可以让客人自带一样拿手菜，还可以去一家口味不错的店里订比萨作为晚餐。不管吃什么，只要是在你家吃的，都算是你请他吃饭了。

如果你想亲自下厨，却苦于厨艺不佳，会做的食物实在太少，那你可以试试"家常鸡肉"。这道菜做起来非常简单，分量可大可小，色香味俱全，几乎人人都会做。这是我的拿手好菜，死后可以成为我的墓志铭。如果你还没试过，现在正是机会。[01]

交换之夜

我妹妹和妹夫经常跟另一对夫妇（他们两家的孩子年龄相仿）在晚上换着过夜。孩子们上床睡觉后，两位妈妈在其中一个家里闲聊放

01　谷歌一下"家常鸡肉"（Change-Your-Life Chicken），你马上就能找到这道菜的菜谱。

松，两位爸爸则在另一家待着。这个办法特别好，因为孩子们都睡自己的床，无须保姆照看。即使孩子醒了，也有一位自己的家长在身边，与此同时，又增进了两家人的感情。这种方法真是太棒了！

周末全家共进早餐

周末举行家庭早餐聚会，是我最喜欢的用来增进不同家庭之间感情的方式之一。这个方法特别适合有小孩子的家庭。一般来说，大家七八点钟都起床了（在我家，则要六点前起床），邀请好朋友携带自制早餐或者甜甜圈过来，大家一起共进早餐。

在最轻松的氛围中共进早餐，增进彼此感情，然后元气满满地去面对一天的生活。此外，早餐聚会也不会影响到你的午睡和晚上休息。这个方法真的好极了，你也可以试试。

甜点之夜

我对巧克力的热爱简直刻在骨子里，熟悉我的人都知道我肯定会建议这条。准备一些派、饮料或者冰激凌，和朋友一边吃甜点，一边拉家常。你家里要是有小孩，这比邀请别人来吃晚餐要简单得多。如果你想邀请的朋友没有孩子，或孩子大到足以独自待一两个小时的话，更是如此。

如果你有孩子，可以先把他们哄上床睡觉，然后与好友边吃蛋糕，边聊天。如果你没有孩子，就可以带着一份深夜甜点，去有孩子的朋友家，与他们共享甜点之夜。

做完礼拜后的午餐

我最喜欢听香农·马丁讲述关于交朋友以及与邻居相处方面的心得体会。[01] 每个周日在教堂做完礼拜后，她总会邀请那些愿意去她家做客的人共进午餐。

她和家人的生活范围很小，就在家周围几个街区之内（学校和教堂也都在步行路程内）。她的社交圈子很小，但她却是一个特别有心的人。礼拜那天，她准备了饭菜，诚心地邀请邻居去家里共进午饭。有时候，对方也会带一些食物过去。如果人去得多了，她就从食品储藏室拿出几袋薯条充数。

她没有道歉，不苛求完美，也没有做万全的准备，但是却增加了人与人之间的联系。

当然，你也可以像她一样，做完礼拜后邀请别人去休闲餐厅小聚一番。你可以结识不同的人，不管对方是一位睿智好学的大学生，还是一位一直坐在你身后的空巢老人，或者是一个有孩子的家庭。即使你自己现在就是一位空巢老人，你也可以这样做。

不管是去餐厅，还是回到家中，你都可以邀请别人共进午餐。

无须在意是否打扫了房子，是否已备好食物，更无须担心自己是否蓬头垢面。

你应该去做重要的事，着力于增进人与人之间的联系。其他事

01　阅读她创作的《普通地方的事工》（*The Ministry of Ordinary Places*），会让你震撼。

情都是次要的，所以你无须为这些事情道歉。

让别人融入你的日常生活

在日常生活中，我们过得并不轻松，这也可能就是你阅读本书的原因。你不仅生活得很艰难，而且时常会感到孤独。你想得到帮助和指导，以便从痛苦和单调中解脱出来。

我们每个人都有很多的责任需要履行。在面对责任时，大多数人总是选择独自承担。我发现，就日常事务向别人求助，甚至向朋友倾诉生活的压力，真的让人难以启齿。因为我并不觉得自己的问题有多么重要。我不想打扰别人，也不想让别人觉得我总在怨天尤人。我们不是从小被教导，要学会独立解决所遇到的问题吗？

我擅长评判各种困难和痛苦，也擅长快速从痛苦中振作起来。毕竟，世界上还有很多人缺衣少食，父母早逝，用品匮乏，甚至没有基本的公民权利。虽然因为我的孩子胃痛，我错过了按摩预约，可我怎么好意思跟朋友抱怨这些琐事呢？顺便提一下，这些都是我的真实经历。我的背痛得很厉害，这影响了我的心情。正如我那四年级的儿子所说："有时候，妈妈有点儿暴躁。"

你认为，只有当情况糟糕透顶时，才能向别人求助。但究竟什么时候，你的情况才算是糟糕透顶呢？别忘了，如果你独自应对所有的事情，就是在不重要的事情上用力过度。自力更生，只有在你独自一人生活在这个世界上时才有意义。

我们彼此需要。实际上，在生活中彼此需要是一件不错的事情，尤其是在平凡日子里最普通、最平常的那些时刻，相互需要更加重要。

你无须等到紧急时刻才求助

我已经提到，在寻求帮助方面，我过去做得很糟糕。多年来，我始终遵循下列原则：只有出现紧急情况时，才能向他人求助。但是，谁来决定哪种情况是紧急的？你又如何确定何时情况已经糟糕到需要别人帮忙？

爸爸去做化疗，你要陪护他，所以你得请人帮忙照看一下孩子，没有人会觉得这样做不合适，对吧？这种情形确实让人感到紧急。但如果你只是感到焦虑呢？我的意思是，生活的大多数情形，我们都应付得过来。你可以处理日常事务，只是有些力不从心。即使一个现实问题让人感到心力交瘁，可是这些压力都是无形的，你很难具体说清楚。焦虑时，你可以独自待一个下午，也可以找人倾诉，或者小睡一小时，这些都是不错的做法，但你不会焦虑到因此向他人求助。

如果你只是感到身体疲惫呢？长期以来，你生活艰辛，精神不振，就连做晚饭都感觉要耗光身体里仅剩的一点儿力量。

这显然算不上特别重要。

但它的确重要。

并非只有在紧急时刻，你才能寻求他人的帮助，与他人进行联系。

你不必假装自己一直过得很好。面对沉重的责任，你可以艰难前行，可以感觉快被压垮了。如果你不知道把孩子送去哪里上学，并为此备感压力，也可以向他人倾诉。到底把孩子送到大多数人都负担不起的私立学校，还是让他们上很多孩子都不会去的特许学校，你会为自己的这种摇摆不定、左右为难而感到内疚吗？当我们感到内疚时，通常不会寻求别人的建议和意见。

我们总是不断地评价自己的问题。如果觉得自己的问题太小众、太普通或者太有优越感，我们就不会告诉别人，而是选择隐瞒，假装一切都过得挺好。

也许正因如此，在我的十二位朋友中，就有六位不了解我，毕竟我从未向她们透露过我的日常生活。我从未告诉过她们，我家的宝宝爱哭闹，喂奶时还会咬我的乳房，所以照顾她简直是痛苦不堪。我也从未告诉过她们，即使丈夫就坐在旁边的沙发上，我也不知道如何向他表达自己的思念。我甚至也没有告诉过她们，即使我有一份不错的工作，与一群出类拔萃的人共事，我还是感到一事无成。我从未提起这些，因为我一直觉得，自己没有权利抱怨什么。

在我的心目中，我的生活就没有真正紧急的时刻，所以我从不轻易地开口向人求助。但如果我们总是等待灾难降临才向人求助、与人交往，那么我们就错过了在日常生活中与他人建立良好关系的机会，我们就无法在辛苦工作的午间享受朋友送上的一杯咖啡、发来的一条短信或者一张好笑的图片（因为朋友知道我正好也很疲惫，需要放松一下）。

如果我们没有与人们建立日常联系，也就失去了与她们建立深厚情谊的机会。

让别人了解你在日常生活中的困难，不管这些困难是否足够悲惨。

朋友问你，要不要顺便帮你从超市捎东西回来，请接受她的好意。

姐姐主动帮你照看孩子，也不要拒绝，别马上想着什么时候还她这个人情。这不是什么人情。

如果老公今晚主动提出打扫厨房，好让你早点儿上床睡觉，那就答应他的请求，而不是认为自己更能干，可以搞定一切。

我们各有所长，彼此需要。就从日常生活的每时每刻开始吧，相互了解，相互帮助。

分享"戳眼睛"（Eye Pokes）时刻

群居是人天性的一部分。人与人之间，没有伪装，没有危机，一切都是平凡生活中的寻常时刻。

埃米莉[01]和我把这些时刻称为"戳眼睛"时刻。我们分享这些东

01　即埃米莉·P·弗里曼。

西，是因为它们是真实的，就发生在我们身边。不管多么简单，多么可笑，它们只是"戳眼睛"时刻。[01]

讽刺的是，当你与曾共渡难关的人分享这些"戳眼睛"时刻时，一种神圣感会油然而生。埃米莉与我共度过一段"戳眼睛"时期，但我们也一起真实地生活过。我们争吵过，也误解过对方；各自都需要做出重大的职业决策；我们一起失声痛哭过，也分享过一些不好意思让其他人知道的事情。

在我的记忆中，我只在人前哭过六次，其中至少有三次埃米莉在场。这是否说明，我们现在只谈论严肃的事情呢？事实并非如此。我敢肯定，单是就梅根·马克尔（Meghan Markle）的衣服，我们就聊了整整半小时。但不管我们是打趣逗乐，还是家长里短，都与我们探讨重大事情一样重要。我们的每次谈话都举足轻重，因此增进了彼此之间的情谊。

深厚的情谊并非只源于让他人参与处理重大事务，还源于让他人融入我们的日常生活。

人与人之间的互动，并不会因无人敞开心扉而逊色多少，按照你通常定义的方式，至少是这样的。但是在日常生活中，你也可以选择敞开心扉。

我们既容得下平淡的日常生活，也可以为人生的危急时刻留有

---

01 事后看来，这个名称远比我所想到的更为暴力，但实际上我们不会去伤害对方的眼睛。

空间。你和身边的人同样也可以将两者兼顾，建立你所渴望的深厚情谊。

当我过得并不太好时

写作这本书，让我获得了向别人敞开心扉的难得机会。通常来说，写书算不上紧急情况，但对我来说，这却是我所承担过的最艰巨的任务。说实在的，我的性格并不太适合写书，这个过程太漫长了。每次我要写出很多词语，才能找到贴切的表达。你是不是觉得有些难以理解？不瞒你说，我曾经是一个完美主义者。

我很快就意识到，即使我必须独自写完这本书，我也无法独自承受写书的所有压力。

在我写本节之前的一个小时，一位朋友在我的办公室门口探头询问："写得怎么样了？"在过去的八个月里，有几十个人询问这个问题。这次我不再回答："挺好的。"

说"挺好的"肯定不是真的。当然，作家才思枯竭算不上紧急事件，但是我选择让别人知道，我认为这是紧急事件。说"挺好的"就是将别人拒之门外，只能自己独自面对，所以我学会了做出不同的回答：

"今天太难了。"

"有点儿麻烦，但我找到了解决方法。"

"终于找到本章的思路了，好兴奋！"

"我提前达到了字数目标，所以我要奖励自己，在回家的路上买瓶小辣椒干。"

刚开始这么说时，自己感觉怪怪的。毕竟，谁会在意我怎么回答呢？

结果我发现，身边的人在意。跟他们分享的信息越多，我们越关心彼此。不再说"挺好的"，加深了我与身边人的联系，这是我没有想到的。

如果你正在完成一个项目，从事一项工作，或者正处于生活的某个阶段，千万别认为敞开心扉并不重要。你可能需要履行职责，承受情感负担，但这并不意味着你必须独自面对。

生活并不总是风和日丽。

向别人敞开心扉吧。

当我们交友受挫

有时，我们无法与某个人建立联系。彼此没有感觉，或者两个人之间没有什么共同之处。生活本来就如此，这并不意味着我们有问题。不是每个约会对象都正好和你般配。当然，你也不可能与遇到的每个人都成为朋友。

但在内心深处，我们很容易把交友受挫归为个人失败，认为我们配不上那个人，是我们不够酷，也不够有趣。我们太怪异了，太安静了，太吵了。我们总觉得自己才是问题所在，一心想着改变自己。

改变自己以便被人接纳，不会让你在交友时无往而不胜。当然，如果为了别人的接纳而改变自己，你可能不会被彻底地拒绝，但你也不会被真心接受。如果专注于自己不被拒绝，那么你将会错失真正追求的东西：情感联系。

有时，你想获得他人的接纳所需要的时间，可能远远超过你的预期。虽然这种等待让人痛苦，但是你终究会获得他人的接纳。如果你愿意敞开心扉，最终会找到接纳你的人。

先伸出双手，总是存在风险的；但是最终所有付出都是值得的。

本章小结

• 即使在邀请别人做客之后并没有与之建立长久的友谊，这也是值得去做的。

• 让别人融入你的日常生活，无须为生活中的窘境表达歉意。

• 你无须等到紧急时刻才寻求帮助。

• 不要对建立关系左思右想。邀请某个人过来吃饭就是了。

迈出一小步

发信息给某人，分享自己的日常生活，或者邀她出去闲逛。要不就趁现在？

看完这些关于关系的探讨，你可能会因此感到有些不安。接下来，我们换个话题，专门讨论一个特别新颖的生活秘诀——分批处理。

法则九

分批处理

　　我经营过一家公司，专门销售自己烘焙的食品。据此我可以称自己是一位专业的面包师吗？答案是肯定的。因为受到一个特定流行文化主题的启发，我创立了一个名为"糖立方"（Sugar Box）的甜点品牌，并使用漂亮可爱的盒子包装这些甜点。本地人可以在线订购，然后在月中的某一天（比如说"糖立方日"）来公司前廊取货。

　　我喜欢烘焙，也很擅长烘焙。

　　但是，我不擅长数学。过了很长一段时间我才意识到，每销售一盒"糖立方"，自己每小时的利润仅为 2 美分。这样的盈利模式，美国著名创投真人秀节目《创智赢家》（*Shark Tank*）的投资方肯定不会投我。

　　但是在那一年半时间当中，我学会了很多东西：我成了一名更出色的面包师。看到人们喜欢我做的甜点，我感到无比振奋。此外，在做小甜饼时，我还学会了分批处理的方法，并将其应用到生活中。

一天烘烤一千个小甜饼

在"糖立方日"当天，所有东西都要准备就绪。先把数千个甜点打包成数百包，再小心翼翼地把它们装进 40 到 70 个盒子中，然后用牛皮纸把盒子包装好，最后用绳子捆扎。这也是我最擅长做的事情。

因为每次都得一次性准备好这些糖盒，月复一月，我也越来越擅长这种分批处理的方法。第一次尝试这种方法，是在第一个"糖立方日"。那次有 45 个订购《老友记》（*Friends*）系列糖盒的订单，[01]所以我开始一个一个地打包。先处理一种饼干，把一叠饼干放进袋子里，剪好绳子，捆好袋子，放进糖盒里，然后再去装另一叠饼干，接着包装一堆巧克力糕饼和四五种不同的饼干。我就这样不厌其烦、一盒一盒地打包。

第二个月，我改进了方法。先把饼干按照不同的数量分好，一次剪好所有包装用的绳子，一捆捆地打包，再把它们绑在一起。这样速度就快多了。

01　糖盒里包括古生物饼干（恐龙糖霜饼干）、乔伊（Joey）的鸡鸭果酱三明治饼干、菲比（Phoebe）祖母的巧克力饼干、中央咖啡馆（咖啡味）棉花糖、康苏拉（Consuela）公主香蕉吊床香蕉面包、菲比在对布朗尼的热爱中获得灵感所制作的软糖薄荷布朗尼。这基本上是一个以菲比为主角的糖盒。

最后，我对烘焙也采取分批处理。我会在某一天一次性调制好面团，毕竟使用的都是相同的原料，烘焙技术也是相同的。然后，一次性做好 1000 个饼干面团，再冷冻储藏，便于以后烘焙。等到需要烘焙时，我就像机器化操作一样一盘一盘地烘焙所有饼干。

我认识到，不能一次只处理一个食谱或一个糖盒。相反，我必须一次性完成所有类似的操作，才能更有效地推进烘焙工作。

分批处理远不止用在烘焙操作中，在日常生活中同样适用。

分批处理的方法

分批处理就是在做下一件事情前，反复地把同类任务全部完成。不要小看简化流程的作用，这个方法真的很有效。

试想一下工厂流水线。生产线上的一个人负责上一个流程，一个人负责下一个流程，以此类推。工厂的产量很高，正是因为没有让一人从零开始去装配整台冰箱。

你也可以从头开始独自完成很多事情，但是采取分批处理的方法，你的速度会更快。此外，这种方法还可以让大脑得到休息，因为本质上这是在进行自动化操作。

当然，我们都知道，你不是机器人，这本书也没有想让你变成机器人，但事实上采取自动化处理事情的效率会更高。

人们经常指责工厂，说产品都不再是人工制作的，人工制作的才是更好的。但是如果将这种思维方式应用到日常生活中，希望每一件事的完成都倾注了特别的关注，眉毛胡子一把抓，你很快就会感到筋疲力尽，还得靠喝个下午茶或者其他事情才能缓过来。

我们不必对所有事情都殚精竭虑。可以对某些工作进行自动化处理，以便我们保存宝贵的时间和精力，去做想做的事情。

可以分批处理的情形

如何确定哪些工作可以分批处理？找出需要重复的步骤以及可能要重做的环节。

例如，每天给孩子做午饭时，三个孩子得做三个三明治，切三个苹果和三堆胡萝卜片……你可以选择先做一个孩子的三明治，包起来，切一个苹果，包起来，最后切胡萝卜片，又包起来。然后再做另一个孩子的三明治。你也可以选择将其中重复的任务分批处理。

在三块面包上分别涂上花生酱和果冻，再分别盖上一片面包，然后把这些三明治装进袋子里。一次切好三个苹果，一次切好所有胡萝卜片。再用袋子把苹果和胡萝卜全部装起来。

找出需要重复完成的任务，然后一次性完成。

至于必须要重做的环节，用洗碗机洗碗就是一个很好的例子。将碗碟放进洗碗机之后，你才发现还有一叠盘子、一个罐子放不进去了，因为放的方式不对。这种情形你是不是碰到过很多次了？洗碗机是容得下所有餐具的，就是由于没放好，所以得重新再放一次。

如果你先进行分批处理，就可以避免这种情况。先把所有待洗碗碟餐具都拿到洗碗机前，再依次放进洗碗机。这样，你一次就能把所有餐具都放进洗碗机，从而节省了时间。

在后面的章节，我会详细探讨这个例子以及运用分批处理的更多情形。

洗衣服

洗衣服要是能进行分批处理，那就太好了。如果把几个关键步骤连在一起，你一天内就能完成洗衣服的所有步骤。这听起来有点儿不可思议，是吧？

人们觉得洗衣服很难，一方面要洗的衣服太多了，另一方面，洗衣服时要处理的环节并不少。从技术上说，不管是洗衬衫，还是洗袜子，从开始到结束，每件衣物都要进行五个步骤：分类、清洗、晾干、折叠或挂起、放好。如果一次只对一件衣物进行五个步骤的操作，那么愤怒与沮丧的情绪会强烈到无以复加。这种洗衣方式真的很愚蠢，这也是我们为什么要分批洗衣服、晾衣服的原因。

怎样用分批处理让洗衣服更加省时省力呢？下面我们来具体看一下。

分类和清洗

除了少数特殊情形外，你可以把浅色衣服和深色衣服放在一起洗。很多特别心细的妈妈警告过很多次：不要把不同颜色的衣服混在一起洗。但实际上，除了"不要把喜欢的白衬衫与新牛仔裤混在一起洗"这样明显的禁忌外，其他不同颜色的衣服是可以一起洗的。[01]

如果不是根据颜色分类，又怎样分呢？

按照最后放衣服的地方来分类。

挂在衣橱衣架上的衣服一起洗，宝宝的衣服一起洗，毛巾一起洗，校服一起洗，最后放在相同地方的所有衣服也一起洗。按照这样的分类来洗，可以更快地去挂衬衫，而无须对大孩子的袜子和学龄前儿童的独角兽运动裤进行分类。

折叠

请注意，如果对分批洗衣服的方法感兴趣，请别将所有洗好的衣服一股脑地扔在沙发上，否则又有一堆衣服要重新分类，这样会破坏自己洗衣服的动力。

请别毁掉自己分批处理的成果！

你可以根据衣服最后存放的位置来洗衣服，这个方法简单易行。如果你喜欢，叠衣服时可以继续采用。在一堆堆包括好多种需要单独清洗的衣物中，[02] 可以快速地将其进行分类。

先从最大件的衣服开始，毕竟这些更容易找到：牛仔裤、浴巾或者任何显眼的东西。然后继续从中挑选出最大、最明显的衣服，最后剩下的是袜子、毛巾和其他小东西。接下来，你就可以分批折

01　用冷水洗衣服总是安全的。

02　一些需要重点清洁的东西像内衣、袜子、抹布，我通常用高温洗涤。由于用高温清洗的次数少，所以这些东西都攒在一起，仿佛要组团去拯救世界。

叠了。

你一次叠完所有毛巾，只要重复这些折叠动作；你根本无须去找毛巾，因为所有毛巾都放在你面前。

这样给袜子配对也很容易，毕竟所有袜子都在一起。

一件件地叠衬衫，你只需要重复相同的动作。

用相同的方式重复处理同一类任务，你的大脑可以舒服地进入自动化运作的状态。

收纳叠好的衣服

我不会建议你：走到哪个房间，就把衣服收纳到哪里（尽管我自己这么做过）。我的提倡是，尽快把叠好的衣服收纳起来。

按照收纳衣服的位置，我们已经完成了分类和清洗。刚叠好的衣服难免要放到同一个房间，既然如此那就尽快去做，不然客厅里又要堆满衣服，你的脑子里又要乱成一团麻。

让你的大脑专注于重要的事，而不是这些易于分批处理的琐事。

洗衣日

我设定洗衣日来专门洗衣服。这一天，我只完成这一个任务，这也是分批处理。在这一天，我可以反复机械地只做这一件事情。

因为设定了洗衣日，我就不会在打扫浴室时分心，思考什么时候洗衣服。在一个时间段，把所有精力都放在洗衣服上，洗衣服的效率就会很高，也避免了以下尴尬情形的发生：忘记要洗衣服，直到房间里散发出了难闻的气味，才不得不去清洗那些脏衣服。

特别脏衣区

我很讨厌单单把餐布、几只袜子以及其他零星的脏衣物拿到洗衣房。我知道这是一个非常私密的问题，但是这种做法真的让人受不了。

现在我设了一个脏衣区。我从百货商店花 10 美元买了一个镀锌钢桶，放在厨房的角落里。发现了脏衣服，大家就放进那个桶里。我不会把衣服专门放进脏衣篮，而是偷懒先扔进那个桶里。等那个桶装满了，我再把其中的脏衣服倒进脏衣篮。就连脏衣物的分类任务，我也进行了分批处理，太棒了。

如果你碰巧喜欢洗衣服

如果你没有为洗衣服感到烦恼，你会觉得上面这些话都是废话。可能是吧，不管分不分批处理，你洗衣服的感觉都挺好。你有空就洗衣服，晚上再把衣服叠起来，对此没有任何怨言的话，那就不要采用分批处理。

但是不必局限于此。即使你不讨厌洗衣服，你仍可以试着对其中某个步骤进行分批处理，看看整个过程是不是有所不同。如果答案是肯定的，你可能会更加喜欢洗衣服这件事。

打扫厨房

你已经做好了晚餐，可是午餐或早餐用过的碗筷还没有洗。碗肯定是要洗，但又觉得很麻烦。你要清理餐桌、台面、水槽——这些地方散落着各种不同的东西。你得先清理这些东西，再把它们物归原位。

清理脏乱的厨房让人焦虑，主要是因为大脑不知道先做什么。每样东西似乎都同样重要。因此，在整理厨房时，你也可以采取分批处理的方法。

清理台面

通常你可能会从餐桌上拿起一件东西放进洗碗机，再拿起手边一个碟子放进去。在擦桌子卜面撒的牛奶时，顺便收好了番茄酱。像滚珠一样，你跑来跑去，手边有什么活儿，就干什么。

而我给出的方法正好相反——你应该一次把一个台面清理完，再去清理下一个台面。

分批清理，将为你带来成就感，因为你的大脑需要处理的混乱少了，而且你每清理完一个区域，你都能获得巨大的成功和动力。

我总是从餐桌开始收拾。这里离水槽最远，清理起来最简单，又快又省事。

分批清理时遵循一劳永逸的原则

对于清理台面的顺序，可以遵循一劳永逸的原则。（记得这个法则吧？）我遵循的固有顺序是先清理餐桌，再清理厨房中岛，然后围绕

主灶台从炉灶转到水槽一侧。这就是我每次清理厨房的顺序，真的很
实用。

把东西放下

清理厨房时，先设立一些具体的区域，便于分批处理。我把这
些区域称为"分区"。"分区"有助于进行自动化操作，因为我们确切
地知道把一个东西放在哪里。注意，是放下，不是放好。

还记得那条对要重做的任务进行分批处理的建议吗？有很多次，
你没有把东西先拿到冰箱跟前，按照统筹规划一件件地放进冰箱，而
是随手拿到一件物品就往里塞。结果肯定就是，还有一盒鸡蛋或者一
大盒剩菜或者什么形状不规则的东西怎么都放不进去。

先把东西放在相应的分区里，直到一切都准备就绪，然后使用
分批处理的方法，把所有物品一次性收拾好。

厨房分区

在厨房最终收纳区的旁边选择不同的分区，把所有东西都放在这
里。等到全部洗好、清理好，再把这些东西收纳起来。

例如：冰箱区、食品储藏区、脏餐具区、脏衣物区。

还可以设一个"冷冻区"，不过这个可能不太好使，因为你得快速
处理这个区域。

垃圾区就是垃圾桶。通常你不必像堆俄罗斯方块一样斟酌垃圾怎样
摆放，只要把它们塞进垃圾桶就可以了。

把脏餐具放入洗碗机

先把所有餐具放在脏餐具区，再一次性把它们全部放进洗碗机。

我们要牢记这一条。有人还把这句话印在茶具上。

在把脏餐具放进洗碗机前，如果先把所有待洗餐具放到脏餐具区，对于怎么把待洗餐具放进洗碗机，你就心中有数了。否则，很可能会有一两样餐具放不进去，你又得把所有碗碟取出来，按照合适的顺序再重新放一次。

采取分批处理，效果将会大不一样。

清洗厨房台面时，先把所有餐具放到脏餐具区。等到所有脏餐具摆在面前了，你就可以按照最合适的顺序，一次性把所有餐具放进洗碗机。

先放只能搁在底架上的餐具（锅和盘子），然后再放只能搁在顶架上的餐具（比如可能会熔化的小塑料盘子）。最后，用剩下的餐具填补空隙。[01]

清理纸类物品

你是否感觉洗衣服、洗碗这些家务压得自己喘不过气来？实际上，清理各种纸类物品的任务同样十分繁重。

每个人的家里都有大量的邮件和各类收据发票。如果家里有孩

01　在播客节目《懒人天才》中，我分享了一些这方面的想法，很高兴收到了一些令人鼓舞的邮件。他们认为我把这种想法付诸厨房打扫的工作中，真的太疯狂了。这些简化日常事务的指导价值千万，是的，我是很疯狂，但我的方法也是对的。

子，还会有图画、作业、校外活动同意书、成绩报告单、体育训练营或者钢琴培训班的广告传单以及生日派对邀请函等等，多到数不清。

每一张纸，就像一件衣服，都必须分类、筛选、存放。每一张都是这样。

发现一张就处理一张的话，你很快就会疯掉。但也不能把所有东西都扔在那里，直到堆满了餐桌或者由于没有及时处理电费催缴单导致家里都停电了，才去动手处理。

我们可以采取分批处理的方法，一次处理一类纸制品。既不是一次性把所有纸类物品都处理了，也不是发现一张就处理一张。

跟在厨房里设置分区一样，对于不同的纸类物品，我们也可以设置专门分区来进行分类，一次性处理所有同类的纸类物品。接下来，我会分享自己的方法，其关键在于，先弄清楚家里的纸类物品的类别，再把它们放到相应的分区，然后等你有时间时再去处理。

及时处理区

那些有确切的时效性的纸类物品（如账单、活动邀请函和校外活动同意书等）要放在一个专门的区域，与其他纸类物品区分开来。

否则，结果会怎样，我们都心知肚明。为了防止忘记，你把邮件都扔在厨房台面上，煤气账单放在最上面。等孩子回到家，把一堆学校试卷也扔在那里，丈夫又往上放了一本汽车杂志，有时候拴狗绳也放在那里。结果，厨房台面上堆满了乱糟糟的东西，让人头大。

整理那堆东西，实在是太费劲了。每个项目都需要单独处置，而分批处理一大堆东西可没那么容易。

那么我们应该做的是设置一个"及时处理区"，每隔一两周就清理一次。把该付的账单付了，该签字的表格签了，该回复的邮件都回复了。

我喜欢坐在"及时处理区"旁边，因为我清楚地知道接下来该做什么。而且因为它们进屋之后就被放进了不同的分区，因此处理起来只要几分钟。

妙招一：在日历上做标记或者设置手机铃声，提醒自己每两周检查一次。

妙招二：把那些需要立即处理的纸片放在冰箱上或者手提包上，或者放到一个"勿忘"分区。

回收区

请不要把时间浪费在没有直接或者潜在影响的纸类物品上（首先我就想到了商品目录）。这些纸类物品应该直接放到回收区。

我想，我是那种喜欢浏览商品目录并根据目录买东西的人。但是结果不是退货就是送人。所以，这些目录还是处理掉吧。

商品目录、没去过的餐厅所发的优惠券以及垃圾邮件都应该从家里清理出去。这些东西要是与重要的票据混在一起，整理起来会既麻烦又耗时。

相反，拿着一叠邮件进屋时，直接把那些无用的扔掉。这不仅仅是分批处理，这是清理杂物，而且这一步特别重要，可以为分批处理腾出空间。

美术作品区

我有三个孩子，他们整天涂涂画画，仿佛画画是他们赖以生存的技艺（可以肯定的是，老二的确如此）。在家完成的美术作业，再加上从学校和教堂带回来的画，过不了多久，家里就堆满了马里奥（Mario）涂色画和素描了。

这些画有些完工了，有些还是半成品，所以每天都分类意义不大。原因有二：一是太费时，二是今天有价值的东西，明天就不一定了。

那就设置一个美术作品区。

我们买了一个大篮子，大到容得下五胞胎的那种，把所有美术作业都放进去。每次在主日学校里画的涂色画、草稿纸、完工的作品，统统放到这个篮子里。

等篮子装满了，我再整理这些作品，早一秒钟都不行。整理过程大概需要 20 分钟。我把这些作品分成三类：保存的、要扔掉的和下次再用的。如果保存的那堆里有 20 幅蒙娜丽莎，我不费吹灰之力就知道要保存哪三幅。如果每天都得决定保留哪些，我可能会保留 20 个版本，却没有意识到孩子一遍又一遍地画了同样的东西。[01]

01　我没有夸张呢。老二七岁时便画了差不多100幅《蒙娜丽莎》。

值得收藏的作品会被放到一个塑料桶里，桶里装的都是我们喜欢的作品。等这个桶满了，我再想办法看看怎么处理。不过九年过去了，桶还没有装满。那些下次还能用的放到美术壁橱，剩下的都扔进垃圾箱。

我知道，为孩子的美术作业准备大篮子的建议与前面处理邮件的建议有些相互矛盾。因为整理孩子的美术作业与处理账单不一样，我们不是非要看完所有邮件才知道如何处理银行账单。但是要确定哪些作品值得保存、哪些只是孩子的随意之作，就得看完孩子所有的美术作业。

有些纸类物品最好经常处理，比如账单；有些则尽可能少去管，比如孩子的美术作业。但是无论多久整理一次，都要设置一个区域专门放置，方便到时整理。

未来区

从杂志上剪辑的文章；手抄的早餐食谱——这是同事把这道食物带到员工会议后，你央求她才得到的食谱。我们都收藏了很多未来用得上的纸类物品，却苦于没有地方放。怎么办？设置一个未来区。

你可以把所有这些随手做的剪辑和手抄资料收集在一个地方，然后选个时间统一处理。食谱可以输入电脑的 Excel 表格；为令人愉快的房间拍摄照片，放到拼趣（Pinterest 美国加州的一个图片社交网站）上，或者全添加到印象笔记（Evernote）中。怎么处理这些资料不是特别重要，重要的是定个时间进行分批处理。

烹饪食物

在挑选、处理和烹饪食材的过程中，采取分批处理的方法可以极大地提高效率。我们每天都得吃几顿饭，因此简化流程、分批处理特定任务，能让生活轻松很多。接下来，我们可以试试一些可行的方法。

膳食计划

制订膳食计划，本身就是分批处理。一次处理一个任务——决定晚餐吃什么，无论这个决定管几天、一周，还是一个月，你想多长时间都行。做好决定后，就有更多的精力去考虑其他事情。

我把"分批处理"与"一劳永逸原则"结合起来，这样在制订膳食计划时就容易多了。与其从无数选择中决定到底吃什么，还不如就局限于一本食谱，在我称之为"省事聚餐开心果"的目录中做出选择。对我和丈夫来说，做这些食物并不难，而且家人都爱吃。我做出了一劳永逸的决定，下个月就做食谱和目录中的几种食物。这样，分批处理膳食计划的任务就完成了。

膳食准备

如果制订了一份膳食计划后，你发现有两道菜需要用到相同的食材（例如，洋葱丁），那就一次把两道菜所需要的洋葱丁都切好。既然涉及同一项任务，那就一次性完成，不要多此一举地后面重复做多次，从而把事情搞复杂了。

但是，你也没必要为了分批处理，专门制订膳食计划。如果你买了几包打折的鸡肉回家，别不作任何处理就直接塞进冰箱冷冻，否则鸡肉会因为冻伤和不能充分利用而浪费。你可以顺便对这些鸡肉进行分批处理。

先用食盐腌制鸡肉。因为不管这些鸡肉怎么做，都得先拆掉包装腌制。再用保鲜袋单独装起来，等做的时候就方便多了（还记得"提出魔法问题"吧）。你还可以把鸡肉切成小块，再拌上你喜欢的自制或者买来的卤汁，最后把这些鸡肉分成几份装起来。

对于某一道准备工作，如果以后还要重复多次，而现在你又可以一次搞定，那就进行分批处理。

收拾食材

从商店买回很多食材后，我们通常先打开购物袋，收拾先拿出来的东西。但是放了这件，放那件，来来回回地折腾，真的让人抓狂。

相反，应该把买回来的东西先按照不同的"分区"——冷藏区、冷冻区（这个可能需要最先处理）、食品储藏区等——来分类，最后一并收拾好。

我喜欢和家人一起分批处理买来的东西。大家一起做同一件事情容易越忙越乱。有了分区，一个人处理一类东西，这样就不会妨碍别人。

如果你想对买来的东西进行更好地分批处理，买东西时就提前分类装袋。这个袋子装冷藏区的东西，那个袋子装冷冻区的东西……等回到家里，你不用费脑筋，就可以把不同袋子里的东西放到专属的位置。

分批处理同学贺卡

如果你认同我的观点，那我们接着往下讲。

给孩子的同学送贺卡时，别一次填写一张，可以一次填好很多张。

首先，把那些做得很粗糙的卡片全部撕掉。在每张贺卡的"收件人"一栏分别填上每位同学的姓名，剩下的照着写就是了，不用担心出错。[01] 接下来，在每张贺卡上写上你孩子的姓名，这样做轻而易举（如果你一边写，一边还在跟她聊天，那就不好说了）。最后，把所有贺卡装进信封，你就大功告成了。

以上两种方法，我都试过，我保证还是分批处理效率更高，也更轻松。对于没那么紧要的事情，进行自动化处理真的非常有效。

如果分批处理能让你的生活轻松一些，就使用这种方法吧。

但如果你喜欢每天浏览孩子的美术作业或是买东西回来之后，就是想一件一件地收拾，好吧，那就去做吧。分批处理以及所有这些法则的关键在于，让生活中不重要的事情变得轻松一些，这样你就有

01　或者漏掉哪个孩子。我绝对不能出现这样的问题。不，一次也不行。（是的，这种事情发生过。）

更多的精力和时间去做重要的事情。

如果分批处理让你感到紧张，就不要采取这种方法。只有这种方法有用时，它才有价值。

本章小结

• 分批处理，就是同时处理相同的任务。

• 分批处理的自动化操作，不会让你变成机器人，只是为了给重要的事情留出时间。

• 找出经常重复或者必须重做的任务，看看分批处理的方法是否有帮助。

迈出一小步

利用分区来清洁厨房，看看是否效率更高。

分批处理是一种很棒的生活技巧，可以用来轻松地完成家务。只有当你先分清生活中哪些是精要事物，哪些是非精要事物，这些技巧才会有帮助。否则你处理的都是一些无关紧要的琐碎小事。

接下来，我们讨论精要处理。

精要处理

　　我写这些文字的时候，正好赶上大斋节。在这象征悔改的短暂斋戒期间，我放弃了在工作之余浏览 Instagram（照片墙）的习惯。只要脑海中一闪现出登录浏览 Instagram 的念头，我便立马将其从心中剔除。在我看来，人们对于 Instagram 的看法，大体可以分成两类：要么认为它十全十美；要么觉得它一无是处。要么你意志软弱，任其支配你的生活，占据你的大脑；要么你意志坚强，把它从手机中删除，不再登陆。我没有这么极端，但不知道自己这种不在大斋节期间浏览 Instagram 的行为，是不是表明我支持第二个阵营，认为"Instagram 是不好的"。

　　每年，我都会读格雷戈·麦吉沃恩（Greg McKeown）的《精要主义》（*Essentialism*），有意选择精要事物和摒弃非精要事物的观念已深入我的骨髓。对于使用 Instagram，我知道那种"要么出色，要么出局"的思维方式是多余的，精要主义才是更好的态度。我经常因为工作登陆 Instagram，但我懒得记录登陆次数，也不考虑登陆的目的。

过去，我经常忘记对我重要的事情是什么。

但在大斋节的最近几周里，这些事情显得格外清晰。

我怀念浏览朋友发布在社交网站上的照片和视频的时光，怀念浏览名人评论时开怀大笑的时光，也怀念詹姆斯·麦卡沃伊（James McAvoy）在苏格兰山顶上的直播。参与朋友的生活、开怀大笑、观看詹姆斯的直播，这些都对我很重要。[01]

哪些不重要呢？广告不重要，它们引诱我去买自己认为需要、实际上不需要的东西，我关注的那些光鲜亮丽的博主账号不重要，她们让我陷入攀比而不是感到知足，无聊时频繁刷屏的行为也不重要。这些东西，我一点儿也不留恋。

猜一猜，大斋节过后我会怎样做？

我打算对使用 Instagram 进行精要处理。

既然确定了对我来说重要的事情，我就可以取关或者屏蔽那些妨碍我做重要事情的账号。这样我就不会继续与人攀比，不再批判别人，也不再浪费时间。

如果一件事情不是必不可少的，那就是生活中的噪音。

01　丈夫知道我特别迷恋詹姆斯·麦卡沃伊。我们俩是不是有点儿奇葩。

为什么精要处理很重要

如果你想要抓住重要的事情，摒弃不重要的事情，那么先要知道对自己来说什么事情很重要。

这条原则不仅可以用来选择挂在沙发上方的人生格言，确定钱包里装什么，还可以用于安排日常事务。

确定重要事情是什么，才知道自己该做些什么以达成目标。

确定重要事情是什么，才知道哪些是精要任务。

当你用非精要任务来填充生活时，就会无意识地增加生活中的噪音，应对噪音就是让你感到疲惫不堪的原因之一。

你小时候玩过 MASH 游戏吗？ MASH 就是 "mansion"（豪宅）、"apartment"（公寓）、"shack"（棚屋）和 "house"（独栋住宅）这四个单词的首字母组合。这是一款预测游戏，可以猜你长大之后住什么样的房子、嫁给什么样的人、做什么样的工作、生几个孩子。[01]

我们通常认为生活是由重大决定组成的，认为物质条件要比生活方式更重要。但是，请牢记从小处着手的重要性。与那些重大决定相比，我们每天反复做的微小决定，能让生活变得更有意义。

你越是选择精要事物，越是有意地为重要事情提供支撑，你需要应对的生活噪音就越少，你就越有精力去过有意义的生活。

01　我现在意识到，这款游戏实在过于性别刻板化。

精简生活，少即是多

如果你像我一样，可能也会通过在生活中做加法来获取内心的满足。

你总是纠结于穿什么，于是去买更多的衣服。你觉得工作安排得太紧张了，就用更多缓解压力的方式进行弥补。你觉得自己做的饭菜不好吃，就去买各类广告推销的新型厨具，指望这些新的锅碗瓢盆可以弥补厨艺的不足。

你试图通过做加法获取内心的满足，最终得到的只是空虚和短暂的满足感。

迎接你的，只能是更多的生活噪音。

真正的满足，源于在生活中做减法，源于清除那些干扰你关注重要事情的阻碍，只保留精要事物。

这就是精要主义的精髓所在。格雷戈·麦吉沃恩在《精要主义》一书中详细地向我们说明了如何将精要思维转变为精要处理行为。他写道："精要主义者会权衡利弊，做出取舍。"

懒人天才同样拥有这方面的能力。为了过有意义的生活，你就得清除没用的物品，取消没用的约会，甚至中断与某些人的联系。我知道做减法让人很沮丧。相反，做加法让人很兴奋，购物让人很快乐。昨天我去了一趟超市，给孩子们买水彩画纸。结账前，我不得不强迫自己只买计划中要买的画纸。

　　我想再买一个动物造型的白陶制品，放在办公桌上，这样做有问题吗？当然没问题。但是通过精要处理，我做出了权衡取舍。与其多一个小玩具，我宁愿桌面整洁、容易清理，所以我更愿意把那12美元用作家庭长途旅行费用，而不是花在短线购物带来的快感上。

　　购物本身没有问题。我经常购物，也很喜欢购物。但了解和确定重要的事情，有助于我们只选择精要事物。

　　只有减少生活中的噪音，我们所拥有的生活才会更有意义。

　　请坚持选择精要事物。

选择的力量

　　我不可能了解你生活方式的细枝末节，也不知道你选择这种生活方式的具体原因，但我可以合理地假定，你忘了一件事，那就是：你有能力选择如何生活。只要你有意识地去选择，你对自己的掌控力远远超过自己的想象。

　　在懒人天才法则二中，我们探讨了从小处着手的力量，谈到了微小的决定如何产生巨大的影响。不管是做事、购物，还是规划生活，按照惯例行事会更轻松，但如果选择的是非精要事物，留下的就只是生活噪音了。

　　你可以有所选择。

　　但是我所说的"你可以有所选择"，指的是：你可以选择带着从商店里买的纸杯蛋糕去参加公司的圣诞晚会，也可以选择自己亲手去做；

可以选择重新装饰卧室，也可以选择不装修；可以选择买一样东西，也可以选择不买，然后把钱省下来作为太平洋西北地区首次观光游的费用。

说到做重要的事情，我们得承认，一件事情的重要程度因人而异，并在很大程度上，受制于其社会地位和周围环境。在我深切地关心大家是否都能全身心地生活这个问题时，我也认识到，作为美国中产阶级白人妇女，我所处的阶层对自己的观点也产生了深远的影响。我有车库，有钱去度假，每天都可以做晚饭给孩子们吃。我可以奢侈地规划对我有意义的生活，想有多少件羊毛衫都可以。拥有这样的生活，我很幸运，也许你跟我　样幸运。

但是，也许你没有我这样的幸运。

如果一个人遭受过排挤、虐待、创伤和歧视，其选择能力将会受到很大的削弱。由于我是在一个充满虐待的家庭中长大的，所以我并不是总能选择自己想要的东西。虽然不用为此太过悲伤，但这也是必须承认的重要事实。

我们每个人都有选择的权利和机会，但是有些人的选择要比其他人来得更容易。我只想让你知道，我知道这样的事实，也知道你的情况比较特殊。

然而，无论我们境况如何，我们都渴望有意义的生活。不管对于这个世界，还是对于家人朋友来说，我们都希望自己的存在是重要的。

所以，让我们在生活中进行精要处理吧。

确定某件事是否必要

几年前，我想学编织。我去了一趟手工艺品店，买了十二股漂亮的纱线和六根不同尺寸的织针，还找了一些关于编织样式的博客网站。我学会编织了吗？没有。因为我没有进行精要处理。

我当时就认为学会编织对我很重要。为什么很重要？事后我才明白，是因为编织可以简化自己的生活，让我一天下来后可以安静、机械地做点儿事。但那时，我并不明白这个道理。

为了找到精要事物，你必须知道一件事情很重要的理由。

我所需要的只是一个学习编织的简单任务。支撑这个任务的精要条件是什么？一个毛线球，一组针和一个评分高的视频教程，足矣。

相反，我当时做的准备过于混乱。面对的选择太多，导致很多东西阻碍我找到精要事物。由于没有从小处着手，所以我没有学会手工编织。

在这个过程中，我添加了太多的生活噪音，使自己忘记了最重要的事情。

还有一个实例：以前我在一个壁橱架子上存放了各种茶叶。茶对我重要吗？当然重要。我喜欢在寒冷的下午泡一杯热茶，放慢节奏，享受生活。

不重要的是，我有 15 种不同口味的茶可供选择。我总是喝伯爵茶（Earl Grey），那为什么我还要不停地购买其他口味的茶叶？其他茶叶就是非精要事物，它们的存在，只会制造噪音。

泡茶很重要，如果不用翻遍茶叶盒，就可以找到自己喜欢的伯爵茶，我可能会更喜欢泡茶喝。

一件事情，只有给你认为很重要的事情赋予直观的增值时，它才是精要的。

精要处理三步走

麦吉沃恩列出了确定精要事物的三个步骤，同样，我将其运用在懒人天才的生活中。当你为整理房间、养成习惯和建立关系选择精要事物时，请遵循下列三个步骤：

1. 确定什么对你来说真正重要。
2. 消除障碍。
3. 只保留精要事物。

我家的客房浴室有点儿让人眼花缭乱，如果我忘记了浴室的主要用途，就会去增添许多非精要物品，制造很多噪音和压力。

我描述一下家里的客房浴室。那里有一扇特别奇怪的窗子，说实在的，即使上面安装了护窗板，它也算不上真正的窗户，而且上面的油漆正大块大块地剥落。

在洗手间旁边的墙上，有很多铅笔字迹，那是一个孩子上厕所时做数学作业，因为手边没有草稿纸，便在墙上演算的结果。

那可是一堵墙。

那里，还放了一个与四周装饰不搭调的旧床头柜。它放在那里是用来存放毛巾和卫生纸。我们也不打算再买一个新柜子换掉它。

显然，这个浴室并不完美，但你猜怎么着？

这并不重要。

第一步，确定重要的事情。最重要的是这间客房浴室干净整洁、功能齐全，让使用这间浴室的客人感到舒适方便。

第二步，清除障碍。例如，牙膏底下的毛巾，地面上一堆《卡尔文与霍布斯》（*Calvin and Hobbes*）漫画，[01] 以及我对浴室的期待（期待浴室具有当红家居真人秀主持人乔安娜·盖恩斯的设计风格）。

第三步，只保留精要事物：香皂、充足的卫生纸、放在显眼处的芳香剂、放在床头柜里的高乐氏湿巾，以便快速清洁。

当然，这个浴室有些像"家庭大改造"节目中改造之前的情形，但它拥有所有的必需物品，这才是最重要的。

每天，我接受浴室现有的模样，选择对我重要的事物，忽略不重要的事物，从而节省了很多体力和精力。也许现在不重要的东西，

01　不是我，而是孩子在浴室里看书。

以后会变得重要，但我只选择现在重要的。

如果你希望家里的浴室像节目里经过改造的一样完美无缺，这是否意味着你我一方非对即错？当然不是。我们很容易陷入对别人很重要的事情中，但是对别人很重要的事情和对你很重要的事情之间没有关联。记住，选择对你来说重要的事情，并不会让你比做出不同选择的人胜出一筹或者低人一等。

接下来，我们看看精要处理应用在日常生活中的其他例子：

案例一：穿衣服

我不了解你，也不知道你家衣橱的情况，我还是拿自己的衣橱来举例吧。

首先，确定着装方面对我重要的事情。这很容易——我只选那些让自己感到舒适自在的衣服。我希望选择衣服时能毫不费力，试穿的第一件就是我最终要穿的衣服，这对我来说很重要。

其次，清除选择过程中的障碍。对我来说，这些障碍包括可供选择的衣服太多、不合身的衣服或者不符合我风格的衣服。

第三，只保留精要的衣服，包括我喜欢的黑白色的衣服，还有牛仔服。彩色衣服会让我感到不自在。给我黑白两色的衣服就好。

接下来，对衣橱里的衣服和穿衣过程进行精要处理。我已经明确了对我来说什么最重要，并且为了与使用场景相匹配，我只保留了必需的衣服，而处理掉了其他衣服。

同样重要的是，如果你喜欢用独特的穿搭来表达别样的个性，并且认为家里有很多衣服可供挑选很重要，那么你衣橱里的衣服看起来应该与我的不同，事实上，情况理应如此。

不要误以为"精要"等同于"最少"，特别是当你希望自己的大衣橱里装满了各式各样的衣服时。

案例二：理性消费

说到花钱，我不会把自己的想法强加于你，我就谈谈我是怎么做的吧。

首先，我和卡兹要确定家庭消费中最重要的是什么。我们必须量入为出。这是主日学校教给我的规则，事实上也应该如此。我们夫妻熬过了各种艰难的穷日子。在求学的时候，我们俩吃过的便宜意大利面比谁都多。在公立学校上班的第一年，我们靠微薄的工资度日，每花一分钱，都要精打细算。现在家里的经济状况有所好转，我们俩都能往银行里存些钱。但不管何种情形，我们都希望做到量入为出。对我们来说重要的是，做负责任的选择，慷慨地给予，用挣来的钱让全家一起体验美好的生活。

其次，我们要知道需要清除哪些干扰重要目标实现的障碍。答案就是那些阻碍我们对支出进行周全考虑的事情：比如冲动购物，购买并不需要的打折商品，忘记"每一分钱都要花在刀刃上"的道理。

再次，我们需要拥有的只是精要事物。根据重要事物目标，最重要的精要任务就是记录日常开支情况。如果我忘了在财务预算软件中输入某项开支，通常也会延误下一项开支的纪录，然后再延误下一项。一周后，钱包里装满了各种收据，而我已经记不清这一周的开支了。我必须随时记录开支情况，以便保持量入为出，这一点非常重要。

你也可能想在开支时考虑周到一些。如果你能首先明确自己家庭开支中的重要目标，那么做到理智消费就容易多了。如果你只是说"我想更明智地消费"，却给不出任何具体的理由，那就很难做到精要开支。

案例三：打扫浴室

我对打扫浴室的厌恶程度无以言表。那里又脏又潮，还有很多难以名状的东西。每次打扫完浴室，我都想冲个澡。

尽管如此，我们还是需要把浴室打扫干净，至少绝大多数时候是这样的。怎么才能对浴室打扫的过程进行精要处理，让我更愿意频繁地打扫，而不是每次打扫完，都恨不得把手剁掉？

首先，我要确定打扫浴室的重要目标。重要目标就是，我要尽快地打扫完浴室。

其次，我要问问自己，可以清除哪些干扰重要目标实现的障碍？一方面，我买了太多种清洁剂，每次都不知道用哪一种。另一方面，我有时甚至忘了清洁剂放在哪里。所以我要通过减少清洁剂的数量来消除打扫浴室的障碍。不要等到浴室脏得无法忍受时才去打扫，以此来降低我对浴室打扫工作的厌恶。

再次，只保留精要事物。我的精要任务就是每周打扫一次浴室，以免它变得太脏，平时尽量保持整洁，这样打扫起来速度更快。在浴室里放一瓶清洁剂，这样就不用四处寻找，也不至于丧失打扫的勇气。

精要处理生活中的任何事情

家里的银质餐具抽屉让你苦恼吗？也许抽屉里已经装满了，你却还在不自觉地接受免费赠送的餐具。家里的餐具实在太多了，根本用不了。

梳妆台上的化妆品让你发疯吗？也许你只需要五种常用的化妆品，但每次都得翻遍三十种才能找到它们。

最内侧车道是否让你崩溃？也许你忘了，接孩子时，笑着把她迎入车里，要比抱怨这个车道设计得不合理更重要。

记住，做任何事情时，都要从小处着手。你不必对生活的方方面面都进行精要处理，但对现实感到烦躁或出现情感混乱时，请对你的空间进行精要处理。

本章小结

• 精要主义并不意味着最少。精要主义意味着消除实现重要目标的障碍。

• 确定重要的事情，清除障碍，只保留精要事物。

• 你必须有所选择。不要让别人替你选择重要的事情。

• 你可以对任何事情进行精要处理，不妨马上试试。就从小处着手。

迈出一小步

请对你的餐具抽屉进行精要处理。

当你对家里进行精要处理（记住，不要对所有事情都这样做）时，你会发现某些事情做起来轻松多了。但是在生活中，不管你在多大程度上进行了精要处理，有时候做事情的顺序非常重要。

接下来，我们将讨论如何按照正确的顺序来做事。

按照正确的顺序做事

在我们结婚头几年，我注意到卡兹总是会手洗一些餐具，而洗碗机并没有装满。

我实在想不明白，他为什么这样做？

这太匪夷所思了。难道他没有意识到根本不需要手洗那些脏碟子吗？真是新手丈夫。那台洗碗机还可以放下更多脏碟子，你何必多此一举！

我百思不得其解。

事后才明白，他洗碗的顺序确实不对，但是我的反应也不正确。他一开始就执行了错误的任务，而我一开始就陷入了错误的思维定式。

正确的做事顺序有助于提高效率，但是如果你将效率视为生活的首要目标，那就有些用力过度了。那时，我过于关注错误的事情，只是因勤快的丈夫效率不高，就对他非常生气。

懒人的做事方式，主要表现为遵从默认的方法，而不是积极地做出选择。很多人并不排斥以正确的顺序做事，只是没有意识到还存在这样的顺序。

如果你就是这样的人，我希望本章能为你提供一个窗口，让你了解到关注做事顺序可以给你的生活带来一些意想不到的益处。

做每件事情的正确顺序

任何事情，不管是填写电子表格，还是进行艰难的沟通，只要遵循以下三个步骤，你就会做得更好：

1. 记住重要事情。
2. 平复情绪。
3. 相信自己。

思维方式大碰撞

如果在确定重要事情时，你仍需要一些帮助，特别是在家务琐事上，你可以参考以下这些小贴士。

• 打扫卫生，不是因为家人太懒、太没良心，导致你只能事必躬亲，反复地收拾他们丢弃的垃圾和制造的混乱。打扫卫生，是为了迎接有意义的新混乱。

• 更换床单，不是为了让每个房间焕然一新，而是为了爬上床时能够感受到温馨和舒适。

• 锻炼身体，不是为了瘦身，也不是为了招人喜欢，而是为了保护自己的身体，释放精神上的压力。

• 洗衣服，不是就如何控制自己的生活做出的一项全民公决，而是为了把让你和家人感到舒适、自信的衣服放进衣橱。

• 打扫厨房，不是为了忍受无尽的琐事，而是为了腾出空间，把食物和餐具放进冰箱和橱柜，让家人有机会围在餐桌旁沟通联络情感。

• 拔除院子里的杂草，不是因为要惩罚你（除非我小时候说谎的时候），而是为了给你喜欢的花儿留出生长空间。

• 打扫房子，不是你需要长期承受的生活重担，而是为了照看好家，并给对你来说重要的事情腾出空间。

第一步：记住重要的事情

运用懒人天才法则时，我们首先要记住重要的事情。如果从不重要的事情开始，那起点就错了。不管在何种任务中，"记住重要事情"的作用都体现在：让你轻而易举地找到精要事物和非精要事物，知晓现在做些什么能让以后的生活更轻松，明白当下的生活如何影响所要完成的任务，以及其他若干的懒人天才。

永远从重要的事情开始。

第二步：平复情绪

一旦你记住了重要的事情，给自己提供了一个很好的框架，你就可以进入下一步：平复情绪。归根结底，这才是目标，对吧？感觉自己就像一只无头苍蝇或者轮转仓鼠，你讨厌这种感觉，希望生活少些疯狂，多些平静。

开始一项任务时，请记住重要事情，然后问自己：我可以做点儿什么，以便能最大限度地平复情绪？

在懒人天才法则五"建立日常生活惯例"中，我们探讨了这个主题，其还与"提出魔法问题"有一些关联。从某件事开始一项工作，如果这件事可以产生直接的效果，你便可以更快地平复情绪，甚至有可能对自己所做的事情乐在其中。

第三步：相信自己

一旦记住了重要的事情，并且平复了情绪，凭直觉你可能就知道接下来该做什么。但你必须相信自己。

你可能会发现，说起来容易做起来难，尤其当你不被人信任的时候。例如，你告诉医生身体不舒服，他告诉你多多休息就可以了。你情绪低落地告诉朋友自己性格中存在缺陷，而她轻描淡写地回答道："哦，我觉得你不是那样的。"

如果其他人不信任你，你真的很容易放弃自己。

但是，你可以相信自己。相信自己非常重要。

多年来，我向女性朋友提供了各种建议，帮助她们改善自己的生活，可是大部分人还是希望我给予更加详细的解说。每天都有人向我提问，问我该如何完成一项工作。因为对于自己的选择，很多女性都没有信心。

你可以相信自己。

因为你比我更了解自己的生活、性格，也最了解自己的需求。是的，别人也会有很好的见解，聆听并采用别人的意见一定会让你受益匪浅，但是你不能轻易地放弃自己的立场。

请相信你自己。

即使探讨按照正确的顺序处理日常事务（如洗衣服），你的意见同样很重要。如果你不相信自己，就会把我的建议视为金规铁律，即使你比我更清楚你自己的需要。

我们将根据具体的实际情况，确定合适的做事顺序，但是每个顺序最好从以下三个步骤开始：

1. 记住首要事情。
2. 平复情绪。
3. 相信自己。

案例一：收拾彩笔

孩子们总是在画画涂色，家里有很多的记号笔。无数个下午，我都在忙着收拾这些记号笔，从桌子下面、窗帘后面找那些散落的笔帽，甚至做梦都在干这个。

说实在的，这些小家伙能不能别再给我添乱了！

你们的记号笔太多了！

但是，他们喜欢美术，喜欢涂色，喜欢想象，喜欢画漫画。

从重要的事情着手时，我的态度发生了改变，再也没有以前那么愤怒了。我不再把收拾记号笔看成烦心事，而是把它看成重要事情的重塑——即创意。

接下来，我问自己做些什么才能减少记号笔制造的混乱，答案就是，为那些记号笔设立一个便于存放的固定位置。（我们学习了"让每件物品物归原位"这个法则。你现在知道这些法则之间相互交融的程度有多高了吧？）

有一阵子，孩子们要么把记号笔装在记号笔盒子里，要么丢在不同的抽屉里，要么扔在他们自己的房间里。甚至在浴室里，我也能经常找到各种记号笔。为什么会这样？

因此，我们必须做出调整。我们买了一个专门装记号笔的大篮子，放在孩子们经常画画的餐桌旁边。现在他们都知道把用过的记号笔放进篮子里。

然后，相信自己能够处理接下来发生的一切。接下来的事情并不是固定不变的，就像我家处理记号笔一样。然而，既然我记住了重要的事情，又平复了情绪，我有什么发现呢？我注意到，那些记号笔散落在地板上，最主要的原因是它们变干了。孩子把不能用的记号笔扔在地板上，是再自然不过的事情了。所以接下来我要做的，就是解决我看到的：清除那些变干的记号笔。我不用去谷歌搜索"记号笔存放"或者在拼趣上搜索有创意的解决方案。我所要做的只是，记住重要的事情，平复情绪，相信自己知道接下来该怎么办。

也许对于你的待办事项或者所面临的挑战而言，这种方法过于情绪化，或者过于简单，但是按照通常的方法，太多的选项反而会让人无所适从，不知从何处下手。

做任何事情的时候，请记住按照正确的顺序：先记住重要的事情，再平复情绪，最后相信自己。

案例二：打扫房子

打扫整个房子，就像翻越一座陡峭的山峰，简直不知道该从哪里着手。

请从重要的事情着手。

既然打扫房子就是爱护你的家，为重要的事情腾出空间，那就多花点儿时间好好想想这件事。深吸一口气，感恩你所拥有的一切，坚定打扫房子的决心。我知道你很忙，使用吸尘器时没有时间提前点燃鼠尾草净化空气，但对于什么事情该做，什么事情不该做，把重要的事情铭记在心是至关重要的。

关于打扫房子，哪些事情很重要？记住这一点之后，再想想自己可以做些什么以平复情绪。你给出的答案可能跟别人的不一样，毕竟每个人所烦恼的事情也各不相同。

我清楚地记得在《奥普拉脱口秀》(*The Oprah Winfrey Show*)中，一名观众提到，每到该打扫房子的时候，她就脱光衣服，然后开始干活。为什么这样？因为当她打扫房子时，总是觉得非常烦躁，她不想被这种情绪分心。显然，光着身子打扫卫生，可以平复这位女士的烦躁情绪。亲爱的朋友，每人平复自己情绪的方式各不相同。

打扫完哪个房间，你会觉得家里没那么乱了？完成了哪个环节，你会觉得那个房间没那么乱了？那就动手去做吧，降低烦乱的程度。

对于我来说，那个地方就是客厅地板。女儿把从抽屉里拿出的玩具、书、袜子和量杯，随意地丢在客厅地板上。这里可是我们生活的重要空间。每当这时，我就感觉头昏脑涨，脑子不听使唤。当地板被收拾得整洁干净时，我就会感到头脑清醒。所以打扫客厅地板这个环节，会改变我对整个房子的感觉。

现在你要相信，自己有能力处理接下来的事情了。我不需要寻求别人的许可，甚至也不必追求完美。接下来一个比较好的选择是，基于我的需求，有多少时间，准备投入多少精力，去做让自己舒适的事情。

不要总是打扫家里最脏的地方

你也许认为，最应该被打扫的房间，应该是自上次打扫卫生后便很少去收拾的那间。但是，如果总是打扫最脏的房间，你可能就把时间浪费在一个并不重要的房间上了。如果打扫哪个房间能让你感到更平和，让整个家的凌乱程度下降，那就先打扫这间吧。

最脏的房间可以等一等再收拾。

案例三：打扫浴室

你已经知道我有多么讨厌这个可怕的地方。为什么这里最难打扫？⁰¹

不瞒你说，因为不能很快地看到回报，我总是想不起来打扫浴室的过程中有什么重要的事情。尽管如此，只要浴室干净整洁，散发出清新的气味，我就会感觉舒服很多。这又激励着我去打扫它。

说到平复情绪，让我头疼的是湿灰尘。

想想你正在打扫浴室。把清洁剂喷洒在水槽和马桶上，在用抹布擦拭时，就会看到一些蓝色、灰色的细小污垢在移动！那些是什么东西？

那就是灰尘，只是现在被弄湿了。

我顿时怒火中烧。

当打扫浴室所付出的努力没有任何意义时，我无比崩溃，因为那些湿灰尘真的很难擦掉。所以我平复情绪的最佳方式就是，先除尘。

01　我想了几个原因，多数都与尿有关。

先别喷清洁剂，也别用湿抹布擦拭。先清理表面放的东西，再清除灰尘。

你平复情绪的方法可能与我不同。那种湿灰尘特别容易让我动怒，所以先除尘对我来说很重要。除尘不仅让打扫工作变得更轻松，也改善了我的心情。

然后，我就做接下来应该做的事情，即快速地擦拭浴室表面。

等浴室的干净程度让人可以接受了，我也不再烦躁。打扫浴室的任务就完成了。

让浴室洁净如新的正确顺序

1. 擦掉灰尘。

2. 整理所有的台面。

3. 喷洒清洁剂，然后稍等一会儿。

4. 清扫地板。

5. 擦拭水槽和马桶。

6. 清洁镜子。

7. 擦洗浴缸和花洒。

8. 拖地。

9. 将所有瓶子和刷子放回原处。

10. 洗个澡，享受自己的劳动成果。

案例四：洗衣服

洗衣服绝对很重要，毕竟我们经常换衣服。除此之外，我还把洗衣服看成是让我和家人获得舒适生活的重要方式。我带着这样的想法对脏衣服进行分类、清洗以及对干净衣服做最后的收纳整理工作时，就更容易体验到洗衣服这件事情的乐趣。

只要你记住了洗衣服对你的重要意义（它可能对每个人的意义不一样），然后问问自己，可以做些什么来平复情绪。

这完全取决于哪些事情会让你烦躁不安。

对我来说，如果按照衣服最终存放的位置来分类和洗涤（还记得"分批处理"吗？），我希望这种做法是有成效的。如果我先洗一堆袜子和内衣，洗完后却在房子的某个地方找到一双脏袜子，我会抓狂的。

为了避免出现这种情况，洗第一桶衣服时，我会先把房子里每一件脏衣物都找出来放在一起。如果我没有把所有衣物放在一起，就无法进行分批处理。

之后，我相信自己是去做最有意义的事情，实际上就是洗一堆衣服，但我可以决定，先洗哪一堆会使我最舒适、最自在。

洗衣小贴士

要洗的脏衣服各式各样，用来洗衣服的时间有多有少，所以你的需求自然不同。但是，可以考虑使用下列这些提示，以找到洗衣服的正确顺序：

- 从被单开始。被单可以单独洗，所以有了脏被单可以先洗一次，而不用像其他衣服一样要攒到一起洗。

- 接下来洗什么，得看你烘干这一桶衣服时打算做什么。如果烘干机烘衣服的同时，你要去学校接孩子，那就别洗要挂起来的衣服，否则等你回到家时，这堆衣服已经变得皱巴巴的了。

- 夜间洗衣服。如果你晚上收拢并分类好了要洗的脏衣服，可以先洗一些不怕起皱的衣物，这样烘干工作可以在你睡觉时进行。睡觉前，还可以往洗衣机里放下一批要洗的衣服，等起床的时候按开启键开始洗衣服。这样的话，在煮好咖啡前，你又洗好了一桶衣服。

案例五：规划每天的生活

你不必总是把效率当作每天生活的目标。

你可以留出一天来休息，或者抱抱自己的宝宝，甚至完全不理会待办事项清单。如果你把效率看成是规划日常生活的标准，可能会错过生活中真正重要的东西。

记住对你来说重要的事情，你也可以自己决定生活中的重要事情。

在有些情况下，效率非常重要。如果你正在赶任务，我完全理解你做事的努力。追求效率本身没有错。但效率并不总是重要的。

　　不管是前一天晚上，还是睡眼蒙眬的早上，当你规划一天的生活时，首先要记住当天的重要事情：增进家人之间的联系；打扫房子，让自己住得更舒适；抽时间慢跑，释放身体内的压力；往冷藏室储藏食物，因为你也会碰到忙碌的时候，有时需要靠"魔法问题"帮你解决吃饭难题。

　　这个重要的事情可能是实际层面的，心灵层面的或者是具体的某件事，也可能是在沮丧的时候所能获得的平静与安宁。不管是什么，请找到这个重要的事情。

　　接下来，想想可以做些什么来平复当天的情绪？找到这个问题的答案。每天让你烦恼的事情各不相同，所以从重要的事情着手，你便可以更好地回答这个问题，并且做一件能让自己更自在的事情。

　　最后，相信自己。相信自己知道先做清单上的哪个任务，知道哪些事情可以留到第二天再做。相信家人爱你并不需要理由。相信自己足球训练结束后，在回家途中去商店随便买点儿东西吃是可以的，因为重要的是家人在一起，而不是非要吃一顿可以发在社交软件上炫耀的丰盛晚宴。

　　也许你现在深受鼓舞，在生活中积极践行这个顺序：记住首要事情，平复情绪，相信自己。这个方法也让我觉得温暖满足。

　　然而……

　　我希望，丈夫把餐具都放进洗碗机清洗。

我希望，儿子意识到上洗手间之前洗手就是浪费时间。

我希望，自己不会因购物清单的顺序与商店摆放商品的顺序不一致而生气。

我希望，自己不用过于依赖一个顺序才能拥有高效、美好的一天。

生活是琐碎的，每个人的生活又各不相同。今天的方法明天不一定奏效。我不知道明天孩子是否会因为生病请假在家，自己是否会因为头痛而无法工作，或者是碰上意外的修路而莫名地紧张。

我们不能把做事的顺序看成不变的律法。依赖系统和顺序会让我们感到空虚、呆板，即使实际上我们做了很多事情。

我知道你想要获得高效做事的最好方法。我想，即使明确做事顺序这个方法很有价值，但是它也会给你带来烦恼。

或许你会说："肯德拉，你让我做什么，我就做什么！"

不，不需要我告诉你该做什么，我希望你相信自己。

你比我更清楚自己要做什么，毕竟这是你的生活。

本章小结

• 没有人比你更清楚自己想要什么。

• 明确做事顺序，你可以完成任何任务：记住重要的事情，平复情绪，相信自己。

• 明确做事顺序是一种不错的做事方法，但不是唯一的方法。

迈出一小步

如果你制订了今天的待办事项，那就选定一件事，按照本章中列出的三个步骤来完成它。看看遵循正确的顺序做事时，你的态度甚至做事的效率有什么变化。

在那些不比拼效率的日子里，重要的事情是什么？

休息!

接下来，我们聊聊如何安排休息。

法则十二

适时休息

每个月总有几天身体不适，就像得了流感一样——关节痛、身上发冷、头痛，通常还有些恶心和胃疼。但事实上我并没有患上流感。

其实，那只是身体疲惫到极致的表现。

生孩子之前，我休息得很好，即便身体不适也只是偶然现象。那时我的时间充裕，周末可以睡懒觉，困了就睡，直至自然醒来。此外，我工作时间自由，无须加班加点。那时候对我来说休息是一件轻而易举的事情，即便我当时并不知道好好休息有多么重要。

自从有了孩子，我的时间就像指尖划过的细沙，都不见了踪影。

这并不是什么稀罕事儿。如果你有孩子，你肯定体验过时间不够用的窘境。如果你整天忙着照顾年老体衰的父母，工作经常需要加班加点，或者刚刚开创了热爱的事业，而初创的事业像孩子一样需要用心呵护和经营，那么你对此肯定会深有体会。

大多数人都面临着无法好好休息的困境。

越忙的人，通常越需要休息。

为什么我们需要休息

如果你想获得重要的东西，就得加倍努力。如果你想完成一项任务，就需要投入充沛的精力。但你别忘了，想获得持续的动力，先得好好休息。

也许你早已知道，睡眠可以促进伤口的愈合，减少炎症的发生，让心脏获得充分的休息，还能调节体内的荷尔蒙。为了保持身心健康，我们需要充足的睡眠。我想你对此不会有任何异议吧。

但问题是，你认为睡眠和休息不值一提。

你会说，有太多的事要做，太多的人要照顾，即使已经困得睁不开眼，还有太多的节目要看。你可能还会认为，既然按照当前的作息方式，这么长时间身体都安然无恙，所以这种休息方式可能还会延续下去。你疲惫不堪，情绪焦躁，但还应付得过来，是吗？

我也曾这么认为，直到有一天我的身体突然垮掉了。

完美的休息日

有一段时间，我身体难受的频率越来越高，几乎每两周便出现一次。后来出现了两次心慌、呼吸困难，只好寻求专业人士的帮助。

那时候，只有身体出现明显症状时，我才做出相应的调整。如果身体难受，我就打电话给卡兹，让他早点儿回家照看孩子。我会在肚子上抹点儿葡萄柚精油，服用 3 粒布洛芬，然后睡一晚上。如果心慌发作，我会努力调整呼吸，通常情况下可以恢复到正常状态。如果有条件，我还会不定期去看心理医生。

我没有去关注根本问题，只是处理了明显的症状。如果说我确实考虑过长期解决方案，那些方案也很宽泛：

"哎呀，我需要度个假。"

"我需要休息一段时间。"

"我需要 ·段很长的时间来放松自己，什么事都不做。"

然后，我会发誓买一本关于养成晨间惯例的书，上网搜索"改善睡眠的小妙招"。那时，我认为，针对自己的身体不适，最好的解决方案就是做到好好休息，于是我一边收集各种休息技巧和妙招，一边等待长假的到来。

你呢？说到休息，你会想到什么？

也许你想到的是一间酒店客房，外加一张豪华舒适的床，窗帘在微风的吹拂下飘动。你可能还会想到大海或者高山。也可能是，在一个闲暇的周末，你独自待在林间小屋。或者参加"姐妹行"之旅，尽情地享受各种美食，疯狂购物，再美美地睡上一觉。你可以有很多美好的想象，而且不用担心霸道的老板或者哭闹的小孩。

我们总是认为暂时停止工作的时间足够长才能算休息。总是认为，如果可以休息一段时间，一切都会好起来的。你所需要的只是这样的一次休息。

讽刺的是，当你终于如愿以偿可以休息（祖父母答应晚上帮你照看孩子，或者你有幸获得邀请，去参加姐妹周末派对）的时候，你已经为了得到休息的机会累得筋疲力尽了。

"请珍惜每一分，每一秒！这将是你七年多的时间里获得的唯一一次休假机会！"你对自己说。

休假结束后，你回到家里，继续以前的生活，尽管你刚从这种生活中逃离。

为什么还是感到很累？

因为你根本不知道怎样休息。

每天周而复始的乏味生活，让你已经懒得关心休息问题了。你兢兢业业，应对挑战，竭尽全力，绝望地等待着一个似乎永远不会到来的假期。但是，这种"要么出色，要么出局"的心态总是让人心生不满。你想休息一天，结果只能休息一小时，这让你感到失望。你梦想去热带海岛玩一个星期，结果只能在你们当地的酒店住一晚上，这会让你扫兴。没有哪种休息方式看上去是令人满意的，而这种不满会演变成生活的瑕疵，而这种瑕疵意味着我们肯定做错了什么，意味着我们自己存在瑕疵。

人类还真是有意思，不是吗？

何为"关爱自己"

为了采取懒人天才视角来看待休息，必须找到对自己重要的事情，并努力完成它，与此同时把其他事情搁在一边。讨论自我关爱时，我发现这个简单的视角非常有用。

现在，自我关爱的理念像露肩衬衫以及原始人饮食法一样流行。[01]最近各大媒体大肆炒作的话题是，所有女性都应该把时间花在自己身上，满足自己的需要，这样可以变得更好，更健康。例如，每周敷一次面膜，抽时间做个美甲，跑个步。这些都强调专注于身体，甚至有些倾向于自我娇惯。尽管我对这种自我宠爱的生活也很向往，但这在日常生活中不太现实，也无法解决让人疲惫不堪的根本问题。

关爱自己，应该经常去做让自己感到自在的事情。关爱自己，是为了记住最真实的自己。

找到让你感到自在的事情

我在序言中提到过，人们之所以感到疲惫不堪，不是日程安排得太满，而是因为过于追求完美。当然一方面，日程安排得太紧也是原因之一。另一方面，几年来，我只需安抚哭闹的婴儿，帮婴儿更换尿不湿，但我仍然感到极度疲惫，就像我从事的是股票交易工作或者

---

01 这部分我写于2019年。所以你可以替换上你认为合适的流行事物。

在经营一家急救工作室。

你的任务不一定是让你感到紧张的根源，努力达到心中理想的标准，才是让你身心疲惫的原因。如果整天都在疲于奔命，事事操心，忧思不已。过不了多久，你就会在这种疯狂的忙碌中忘记了自己是谁。

不要迷失自我，要在对自我的坚持中给自己安排好休息，并为此练习。有很多方法可以做到这一点，所以不必非要找到能够完美定义你的唯一方法而给自己太大的压力。方法有很多。

你什么时候觉得自己最具活力？

你做什么事情会让自己感到自信乐观？

你做什么事情，即使坚持很长时间也觉得毫不费力，还乐在其中？

如果你能找到那么几件事情，让自己舒适自在，记住真实的自己，并按照自己的方式休息，你才算是真正得到了休息，而这将会彻底地改变你的生活。

以下这些事情会让我感觉自在：烘焙，听音乐，在自然环境中散步或跑步，和朋友在一起，给家人做饭以及了解周围的环境。

哪些事情会让我感觉不自在？在院子里干活，做手工编织，购物，打扫卫生以及任何与指甲有关的事情。

请列出让你自在和不自在的事情，这样才能更好地养成季度、周度、日度休息的习惯，让身心得到彻底的放松。

我们的生活方式并不完全相同，因此，我们的休息方法也各不相同。

接下来，我们详细地讨论这个问题。

季歇

首先，我们从每个季节的休息日开始，毕竟每周一天或每天一刻的休息可能太频繁、太奢侈了。我喜欢大自然的四季更替，我们可以从中学习生活的循环往复，学会适时休息。

所以，你可以马上取出日历，设定一个季节休息日。如果你很笃定，那就一鼓作气，定好一年中所有季节的休息日。

每隔三个月，留出一天做真实的自己。做喜欢的事情，享受生活的馈赠。特意安排一天，去做这些重要的事情，千万别偷懒。

你还可以根据需要随意地设定季节休息日。这是懒人天才进行自我关爱和休息的乐趣所在。只做对自己重要的事情。

你可以花时间沉思（reflecting）、跑步（running）、读书（reading）以及做任何你能想到的以"r"开头的英文单词所代表的活动。（我的意思是，如果不用头韵法，我怎么写出这么多表示活动的英文单词来。）

留出一些时间，做让自己自在的事情。

懒人天才从小处着手，而设定每年四天的季节休息日，应该不是很难做到。

当你很难挤出时间的时候

如果你无法从一年中抽出四天时间给自己，那一定存在更深层次的原因。

你是不是觉得自己不配拥有四天的假期？

你是不是认为有太多的事情指望你去做？

你是不是经常把别人的需求置于自己的需求之上？

从理智上说，你知道一年休息四天并不难，但你的任务太多，无法抽时间实现这个目标。

这件事你自己说了算。你可以为自己安排这个休息时间。你可以从一年中抽出四天的时间来放松身心，养精蓄锐。

周歇

其次，我们设立每周休息日。

每周必须休息一整天吗？那倒不是。一周真能休息一天，那当然再好不过了，但我们最好做出更可行的，而不是理想化的安排。

从那些让你感觉自在的事情当中选一两件，作为每周休息的方式。

思考一下，如何让每周休息的节律能够更好地为你所用，这一点很重要。如果休息日本身很重要，可以选择每周三中途休息，或者特意选择在周日休息。如果休息日那天参加的活动更重要，无论休息日是哪一天你都要参加，你可能很想参加每周一次的尊巴（Zumba）时尚健身课程，你可以根据自己的时间选择不同时段的学习。确定两者之间的差异，将会对你获得有效的休息有很大帮助。

对我来说，与固定休息日相比，活动更加重要。为了释放压力，我每周散步或跑步三次。但这些活动不一定非要在固定的时间进行或者非要中间间隔一定的时间。上个星期，我周三、周四、周五跑步。从逻辑上说，这样的安排基本没有时间间隔。但是，我确实休息了，而且效果明显。压力得到释放时，我感到舒适自在；我在树林跑步时，那种感觉更加惬意。

每周休息的方式可以很简单。例如，每周六早上去当地商店买好咖啡，然后带到农贸市场去喝。如果孩子在上学前班，可以一上午步行很远的路程；也可以每周有一两天吃完晚饭后去院子里拔草。

微小的步骤很重要，穿插在每周的休息中，不必搞得过于复杂。先选择一项活动，然后每周都坚持。

日憩

烘焙是我最喜欢的事情之一。用一个下午为家人做面包或果馅？那太好了。烘焙让我的身体放松，心灵也获得了最大的安宁。

但是，我能每天都做烘焙吗？绝对不可能。烘焙需要时间，尽管我可以抽时间去做对我来说重要的事情，但从现实角度来说我不可能每天都留出时间做烘焙。

　　我认为，这就是我们无法每天都休息的原因。每天的日常工作，不一定就是你最喜欢的事情。如果把自己最喜欢的休息方式当成目标，特别是很难有时间每天都做这件事时，我们就会感到失望，认为不可能每天都得到休息。

　　但是，我们的确每天都需要休息。

　　从小处着手吧。

　　我不会每天都烤馅饼，但我可以翻阅烘焙食谱，想象一下下次烤哪一种。如果你喜欢在海滩跑步，但住在离海岸有几个小时路程的地方，你可以一边跑步，一边聆听海浪翻涌的声音（尝试之前，先别急着否定）。

　　跟那些不用照看孩子，不用操心家务的周末假日相比，每天特意安排的小憩更加有效，因为你可以从中练习如何休息。

　　探索一些简单、轻松的小方法，去做一些让你自在的事情，即使这件事情并不是你最喜欢的。有些事你可以每天都做，做好规划安排，尽可能地多行动。

通过睡眠获得休息

　　我不会建议你早点儿睡觉，或者在你睡觉的时候，把手机放在另外的房间充电。如果这些方式对你有效，当然很好，但这不是我现在要强调的重点。

　　我们试一试另一条懒人天才法则：按照正确的顺序做事。我们总是从真正重要的事情开始。也许你需要一个概念框架，来考虑睡眠中的重要问题。与其把睡眠看成是例行公事或者纯粹的浪费时间，还不如把睡眠看成一种用来调节身心、养精蓄锐的方式。

生活很重要，但睡眠同样重要。

需要做出妥协和权衡吗？当然。

我是一名体育迷，最喜欢看的一些 NBA 比赛节目晚上 10：30 才开始直播。是的，这个时间有点儿晚了。牺牲睡眠看自己喜欢的节目，值吗？有时候值，但通常来说不值。知道什么才是真正重要的事情后（即休息胜过观看比赛），我可以做出合理的选择。

你还要记住的是，今天你做出的选择，不一定是明天的选择。

有一个视角有助于认识睡眠的重要意义，那就是牢记：过完今天，不出意外的话我还有明天，而明天我就可以做任何自己喜欢的事情。

也许这个视角过于简单，但它却能产生重要的影响。今晚做完所有事情，我会感到压力小一点儿，因为明天马上就要到了。我并不是要屈服于睡眠，而是我的身体告诉自己，肯德拉，该收心了，闭上眼睛睡觉吧！这个过程有些缓慢，但目标明确。当我把睡眠看成可以随时开合的开关时，效果通常更显著。

今天就到此为止。明天会按时来临。马上安心睡觉。

灵魂休息

埃米莉·P·弗里曼把灵魂休息称之为"在内心世界的静坐"。我喜欢这个表述，因为我真的了解在内心世界站立、奔跑或者躲在一角是什么感觉。

我们的内心活动极大地影响了身体健康。不让灵魂休息时，身体马上就会敏锐地感知到。不要再承受那些原本不该承受的负担。只要内心世界存在压力，身体就无法得到充分的休息。

对我来说，当灵魂信任真实的自我时，它就可以获得休息。当我相信自己生而有用，当我相信自己的个性独一无二，当我自信是因为我是我，而不是因为我做了什么，我的内心就可以获得更充分的休息。我可以向人寻求联结，而不是防御。

我可以忠实于自己，摒弃不重要的事情——我几乎总是努力依靠自己完成所有事情。当我试图一个人应对所有问题时，就无法接受别人的帮助，也无法向人敞开心扉。我没有足够的正念关注当下给我的启迪。我忘了从小处着手。我进入了完全错误的顺序，让效率主导了一切。

要做到让灵魂得到休息，在内心世界静坐下来，我们就要学会放手。我们不必控制一切。我们可以依靠比自己更强大的人和力量。

如果为了无关紧要的事情而忽略休息，就该放手了。

留出休息时间。

安排休息。

兑现休息。

不要太难为自己，否则还没到晚上，你就已心力交瘁。每天、每周、每季都安排休息，让灵魂也得到休息，这样你就可以体会到自我的充实。

沙滩上总有一串脚印

我为获得掌控力所付出的个人努力，与我追寻基督的精神生活息息相关。如果你的情况跟我一样，我愿意跟你分享自己阅读诗歌《沙滩上的脚印》(*Footprints in the Sand*) 后的内心感受。你知道我指的是哪一首诗吧？没记错的话，这首诗在 1995 年获得了最高的书签点击率。

作者在诗中描绘了一个梦境。她梦见自己和耶稣在沙滩上同行。当生活幸福安宁时，沙滩上会有两串并排的脚印。在她的人生陷入最低谷、最痛苦的时候，沙滩上只有一串脚印。她问耶稣，为什么在她人生最艰难的时刻，他离开了她。耶稣回答道，他从未离开过，他背着她走过了那段最艰难的日子。那串脚印是他留下的。

最后的几行诗句对基督徒来说，就像著名导演 M·奈特·沙马兰所创作的让人出乎意料的剧情，来了一个大反转。

不得不承认，当我还是一名无知少年时，这首诗让我特别震惊。结尾真是太让人惊讶了：他背着我走过了那段最艰难的日子？他是多么怜爱众生啊！

但是，如果我们在沙滩上留下了两串脚印，那岂不是更好、更合适吗？如果不经常祈求他的帮助，他应该会更爱我。

在人生的大部分时间里，这成了我的目标。对于那些真正艰难的事情，祈求上帝的帮助无可厚非，但我会处理好力所能及的所有事情，为的就是让自己独立。

何况我非常擅长独自处理问题。[01]

但是，凡事依靠自己，只会让我疲惫不堪。

凡事依靠自己，直到再也无法承受时，才祈求耶稣伸出援助之手，或者要求去海滩度假歇息一下。而此时你早已身心疲惫，濒临崩溃。

事实上，我们随时可以寻求帮助。

总有一串脚印，与我们同行。

本章小结

- 自我关爱，不是自我娇惯，而是做让自己感觉自在的事情。
- 休息不会自动发生，必须用心安排。
- 找到让你感到自我完整的事情，找到每季、每周和每日重复做这件事情的方法。
- 别再承受原本不该承受的负担，让灵魂获得安宁。

01　我读高年级时，被同学选为最值得信赖的人。最值得信赖，这个评价相当于说你很完美，但是不性感。

迈出一小步

在接下来的三个月里，安排一天来休息。

就一天。

你没必要完成所有事情，但你可能仍然试图这样去做。你的结局很可能跟我一样，得到的只是失败。如果你不断地责备自己做错了事，而不是学着善待自己，那么最后这条懒人天才法则，便是解决这个问题的最佳方法。

善待自己

　　有一天晚上，我有点儿不对劲儿。也许是荷尔蒙作怪，我变得心情烦闷，脾气暴躁。而我那任性的三岁女儿，正是折磨我的主要源头。我尽力控制自己，恩威并施，花了一个小时才把她哄上床睡觉。其间，我还是忍不住对她大声吼叫。为此，我感到特别沮丧，一屁股直接坐在还散落着记号笔和布丁的宜家椅子上。我实在受不了，眼泪夺眶而出，对丈夫说："我真是一个糟糕的妈妈。"

　　他没有做出任何回应。

　　也许他没有听见我说话？（呜呜呜）

　　接下来就是一片安静，只听到蟋蟀的鸣叫。

　　我气得要疯了。他竟敢漠视我的情感需求，不说点儿我想听的话？他竟敢让这样的语言弥漫在空气中凝固了，也不插一句话让我好受一点儿？然后，我愤怒地向他表达了不满。

几分钟后，我停止了大喊大叫，意识到自己是成年人，应该为自己不合适的行为道歉，有话应该好好说。于是我问他，为何不回应我。

"因为我知道，如果我说你是好妈妈，你也不会相信。"

哦，很好。

他说的完全正确。

如果卡兹说："宝贝，你是一位非常好的妈妈。"我听了以后，可能会翻个白眼，摆摆手或者做出其他动作表示不屑。虽然我想听那些话，却不知道如何接受。

作为一名妈妈，以前我对自己的要求很高，也要求丈夫具有很高的读心术，然后将自己置于一个不能接受任何善意的状态。

为什么？因为就在那一刻，我真的觉得自己不是一位好妈妈。这是我当时的真实想法。

我希望卡兹帮着改变这个事实吗？是的，的确如此，但是他说的对，他说什么并不重要，我不会接受他人对我的其他看法，因为我还没有做好心理准备。

如果不关爱自己，不呵护自己，不善待自己，就总是会感到疲惫不堪。我们总是去承担自己从来不想担负的责任，去做没有任何意义的事情。我们不断地提高目标，竭尽全力地实现目标，但是没有给自己留空间去感受满足，去接纳真实的自我和当下的生活。

还有一点：当我们不爱自己的时候，也很难接受别人的爱。

你是自己的朋友

在处理家务和安排日程上，找到想得到的东西和想摒弃的东西，比找到对自己重要的事情更容易。《圣经·新约》中的黄金法则规定，想要人家怎样待你，就要怎样待人。但你待自己并不好。既然你对自己并不好，那别人怎么待你便无法衡量，所以在人际交往中，这条规则难以遵循。

我们来谈谈如何对待自己。你会怎样描述你与自己的关系？你是自己的敌人吗？你是自己的对手吗？你是自己设计的产品吗？

我猜你为自己设定了很高的标准，你在追求更完美的自己。只要你不完美，你要么尝试专注于未来的自己，制订、跟踪和推动一切你还未实现的目标；要么选择逃避，把所有成长视为白费力气，直至完全放弃。

还记得吗？我们通常称之为：要么竭尽全力，要么完全放弃。

我们不妨试试第三种方法。

你可能在一些女性谈话播客节目中听过，你应该像对待朋友一样对待自己，但这样还不够。懒人天才的黄金法则是：你是自己的朋友。

你不是一个项目。

你不是一件每天都需要修复、雕琢和评价的东西。

你是一个有价值的人，此时此刻的自己值得你付出善意，因为她是你的朋友。

别让未来困扰你

你会根据一个人未来的潜力——即他将来会是什么样——来对待他，或者因为他没有成为那样而指责他吗？你当然不会。这样做太残忍了。

但是你会这样对待自己。你经常用未来的视角来审视当下的你，评估自己未来可能成为或者应该成为的模样，而不是充满善意、友爱地看待自己。

说实话，未来的视角只会让你痛苦不已。

你把未来理想的自己作为一种激励方式，但这只会让你对当下的自己不满。你相貌平平，做事粗心，穿着邋遢，厨艺糟糕。你教子无方，不善约会，读错《圣经》，也不会做纸杯蛋糕。所以你不断努力，试图成为那个万事皆对的未来之人。你会因当下的情形自我责备，也会因迈向未来的步伐太慢而羞愧不已。

这就是习惯和目标会让人感到紧张的原因。的确，好的习惯帮助我们成长，帮助我们实现未来的目标。我的意思不是说，你不应该努力实现自我成长，而是说，如果你追求一些随意设定的理想目标，却不善待当下的自己——当下的自己足够好，可惜不是你试图成为的那个理想的自己的影子——那么理想的自己只会成为令人失望的幻觉。

我深信，在你休息、反思和追求更加深刻、真实的自我，做重要的事情时，遵循这些懒人天才法则，或者那些特别实用的小技巧，可以让你更加善待自己。

我们先在这里稍做停留，学习如何珍视当下的自己，反思你想要成为的自己吧。接下来是具体实施的三个步骤。

第一步：珍视当下的自己

珍视当下的自己，简单的方法就是在日常生活中善待自己。为自己做点儿什么，就是对当下自己的馈赠。

别误以为这是每天都要做的事情。这种善待并不是每天漫不经心地做几个俯卧撑，也不是每天写毫无成就感的日记，更不是每日打扫卫生，只因你"理应"胜任更多的家务。总之，这个方法不是一个让人成长的日常习惯。

它只是一个善待自己的日常行为。

想想你怎样对待自己心爱的朋友。你给她送去咖啡，没有什么理由，你就是想这么做。你不定期发短信给她，告诉她你爱她。你主动帮她带孩子，这样她就可以独处一个小时。你这样做并不是为了让她变得更好，也不是为了激发她的潜能，只是为了表达你的善意，因为你爱她。

你也可以爱自己，向自己表达真正的善意。

我知道，这听起来有些奇怪。我不是说，你应该对着镜子中的自己说"我爱你",尽管这肯定要比对着镜子说"振作起来"好一些。我以前就这样做过。

每天向自己表达善意,并不是要变得自大。这样做只是为了提醒你:天地生人,自有其深意;天地运行,自有其道理。你生而为人,上天自有安排。

善待自己,就像善待朋友一样。每天都带着怜悯和热情跟当下的自己聊聊。你可以静坐,呼吸清晨的空气,读一本小说,睡个午觉,接受朋友主动给你带来的晚餐。看着镜子,对着镜子中的那个人微笑。注意,不是对着镜子里的东西笑,而是对着镜子里的那个人笑。你不是亟待完善的蓝图,你是宇宙的神所创造的神圣灵魂。

请爱当下的自己。你值得拥有这份爱。

第二步:反思你将要成为的自己

詹姆斯·克利尔在《掌控习惯》中说:"如果你想要更好的结果,就别再紧盯着目标不放,而要把精力集中到你的体系建设上。"

这种观点让人印象深刻,简直太有趣了。别紧盯着目标?是的,忘了目标吧!

你手上的这本书正是教你如何围绕对你重要的事情构建体系、结构和节奏。如果从体系着手,而不是从目标着手,你将会踏上发现真我的道路。你会善意地爱护此刻的自己,也不会因成长或者变好而感到太过担心。

围绕重要事情创建系统时，别太关注最终的结局。相反，你应该思考如何自在地做自己，如何自信、镇定地进入下一个阶段。

拥抱变化。四十岁时的你，不可能还是二十岁的模样。就像我就不可能恢复到过去苗条的身材，特别是十九岁时最瘦的时候，那时的我饮食不规律。在那长达一年多的时间里，每天只摄入 800 卡路里的热量。可我有时候还是会因为自己无法恢复到过去的身材而烦躁不已，真是不可思议。

那可是二十年前，现在我已经生育了三个孩子。

这就是我回看过去"理想的"自己，没有善意地展望、反思当下的自己。

关注自己的脚步，关注你一年前的生活，还有你当下的生活。进行这样的比较，不是为了制订更加严格的计划，也不是为了进行某种毫无意义的验证。

例如，我感激第三个孩子的到来，尽管我仍然很疲惫，有点儿厌烦给孩子换尿布和不能安眠，但是我更加习惯自己作为妈妈的现状。这种生活看起来与我过去所希望的截然不同，特别是夏天穿泳装的时候，可是谁在乎呢？

是的，我所做的一切都是在肯定一位母亲在孕育宝宝过程中所做的努力。然而，这还不够。我们应该停止对自己的体形的过分关注，而应该关注自己的感受。我这样说，你可能想拿这本书来掷我，但是每当回想起自己曾经那么困扰，也耗费了那么多精力责备于自己的身材走样，我不得不再次练习善待自己。

不知道什么原因，我总是爱拿自己与别人进行比较。我总是给自己设立一些不可能达到的标准，真的没达到，就会生自己的气。我严厉地责怪自己，没有振作精神。这种时候，我不是焦虑地记日记，就是制订疯狂的锻炼计划。

讽刺的是，跟十年前相比，我很少关注人生中真正的重要时刻，比如个人的成长，比如发现了如何与孩子进行平和沟通的新方式，或是掌握了新的烘焙技巧以及更加自信地进行公开发言。

宽容地反思你正在成为的那个人，就是这样善意的举动，我至今仍在学习练习这种方法。

记录那些成长的时刻吧，那才是你应该珍惜的。

对待朋友，我们都是那样的友善。我们为她们打气，支持她们的梦想。当她们身处困境时，我们在她们身边给予支持，而不是不厌其烦地向她们提出改进生活的建议。我们会给她们一个大大的拥抱，给她们买一杯暖暖的咖啡，直视着她们的眼睛说："我爱你。"但我敢打赌，你从来没有对自己这么好过，就算曾经有过，也远远不及。而且你也不会像对待别人那样用心地记录自己的重要时刻。

在追寻更好的自己的路上，用自己的方式善待自己，以优雅的姿态慢慢来。

善待自己的简单方法

- 用日记的方式记下正在做的事情，季节休息日也不例外。

- 散步时，轻声感谢当下的自己。

- 照镜子，对镜中的自己微笑，不做任何评判。

- 静坐，无须做任何事情证明自己。

- 别穿不合身或让自己不自在的衣服。

- 别批评自己的每个选择，也别评价每个选择对未来理想的自己有
  何影响。

第三步：庆祝所获得的成就

我的朋友弗朗西（Francie），是一个妻子，也是两个小学生的妈
妈。她在工作之余上了成人护理学校，这项任务很艰巨。我只能从自
己的角度来想象她的生活，毕竟我没有经历过她的一切：深夜还要做
作业，每天还要保证孩子有人接送，夫妻两人都不能准时下班时得找
保姆照看孩子。即便这是一个正确的选择，但是其过程却无比艰难。

从护理学校毕业时，弗朗西邀请了大约四十位朋友到当地公园
一个大的野餐棚进行庆祝。大家一起吃烧烤和蛋糕，衷心地祝贺她学
成毕业。一想起那天，我就热泪盈眶。

对弗朗西和她的家人来说，从高档餐厅订点儿比萨，一家人围
着餐桌庆祝一下毕业应付了事，要比选在有优惠券的餐厅大张旗鼓地

集体庆祝简单得多。但他们深知，一家人所走过的路，既充满艰辛，又饱含欢乐，绝对值得跟爱他们的人一起庆贺。这理由既简单，又深刻。

向朋友敞开心扉，与朋友一起庆祝成功，这是善待自己的一种特殊而有趣的方式。为了实现这个目标，你没有必要假装外向地刻意为之。要庆祝的事情可大可小，或许微不足道，但是，庆祝的规模，甚至庆祝的内容都无关紧要。

找个理由，与朋友庆祝就是了。

现在我希望你庆祝点什么

我喜欢举办派对。特别喜欢。

我举办过《饥饿游戏》（*Hunger Games*）情景派对、《绿野仙踪》（*Wizard of Oz*）化妆派对、胡萝卜蛋糕品尝派对。目前，我正在着手准备棋盘游戏奥林匹克派对。

我举办过的每一场派对，都是为了庆祝我的生活。这是我独有的方式，善待自己的方式，同时敞开心扉，用美味的蛋糕向朋友们表达爱意。

也许你认为，对于懒人天才而言，举办庆祝派对并不重要，其实并非如此。我们要拥抱重要的事情，聚会、欢笑和成长都很重要。

不管是独自庆祝，还是与别人一起庆祝，庆祝本身就会让人留意生活中的重要事情，给自己的生活增加仪式感。那些美好的记忆帮助我们度过艰难的日子，日后回想起来也让人充满欢笑。

你可以公开宣布对自己重要、有价值和值得庆祝的事情。这是对自己的极大善意。

所以，现在我希望你庆祝点儿什么。

例如，就在今天。

我并不是说，你得在三小时后举办一次大型聚会，而是说，现在就专门庆祝点儿什么，作为此刻对自己的绝对善意。

从实际操作层面来说，你要确定三个方面：庆祝的理由、庆祝的方法以及和谁一起庆祝。

庆祝的理由

它可能是，几个星期以来你一直努力在做的一件工作，但是之前没有取得任何进展；你可能正过着全职妈妈的生活，而且现在比过去几个月更加让你心满意足；或者你在某个网站上发表的一篇不值一提的文章。

在人生旅途的任何时刻，庆祝那些你认为重要的事情——有形的，或者无形的。选择重要的事情，并予以庆祝。

送自己一份礼物

如果你从小生活贫困，或者你的父母一直很节俭，那么你可能会觉得为自己买礼物的想法非常荒唐可笑。实际上，有时我的脑海里会响起这个声音：什么？只要没有对孩子大吼大叫，就奖励自己一个礼物？你让我刷信用卡买礼物，去庆祝这么愚蠢的事情？

"不，肯德拉"，我对自己说："当然不是，真的很抱歉让你如此愤怒。"

给自己的礼物，可以视作是对自己的善意。

礼物是一种标记，让你看见它便想起自己学会了以为永远学不会的技能。当你穿上新买的鞋子，戴上新买的耳环，享受着花样按摩，你就会想起达成销售目标，完成出版企划书和组织大型教堂衣物捐赠活动所带来的美好感受。

给自己一份礼物，合情合理，尤其这个礼物可以让你牢记真实的自我，让你活得更富有朝气的时候。作为成年人，你能决定什么是健康的，什么是放纵的。

偶尔给自己买一份礼物吧。这就是善待自己的方式。

庆祝的方法

对于那些庆祝生活的新手来说，逃避庆祝的方法通常是在心中默默地高兴一会儿，然后继续生活。尽管这种方法本身并不错，但是今天，请把庆祝的想法付诸行动。

怎么庆祝呢？临时邀朋友吃个便饭，打个电话，或者把那个早就中意，但一直觉得不值当买给自己的厨具买下来。你也可以邀请朋友过来，两人一边吃着美味的冰激凌，一边追剧。

你还可以大声地告诉别人，你为自己做过的事情感到骄傲。你关注重要的事情，所以证明这个时刻的价值以及其对你生活的重要意义吧，以此向自己表达善意。

和谁一起庆祝

接下来，我们探讨庆祝的最后一个要素：和谁一起庆祝。

除非你喜欢离群索居，否则，和谁一起庆祝是整个庆祝过程中最重要的部分。克服内心的尴尬，邀请亲朋好友一起庆祝自己想要庆祝的事情。这样做是有意义的。

和别人一起庆祝的时候，最重要的是不能隐藏自己。你必须参与庆祝，体验庆祝的真正乐趣。

对于庆祝，我给你的唯一建议就是，一定要选择合适的人。如果担心某人会在私下里议论，这又不是生日，有什么好庆祝的，那么她很可能不是你邀请的最佳人选。既然已经决定庆祝了，那就邀请最合适的人选，她们会跟你一起庆祝任何事情，只因为她们爱你。

庆祝不是负担

提交本书终稿的当天，我正在撰写这一部分。撰写本书是一个漫长的过程，很多时候非常艰难。为了完成这个任务，我比任何时候都更加努力。

在这个过程中，我获得了很多人的鼓励和打气。她们向我发送动图和短信，给我送花，买咖啡。迈克尔和汉娜就是其中的两位朋友。每当这本书的撰写取得一点点的进展，他们便邀请我和我的家人一起庆祝，甚至在那些我会不假思索略过的节点，也是如此。我们一起吃饭，品尝蛋糕，击掌庆贺。是他们让我感受到以庆祝的方式纪念这些重要的时刻有多么重要。

因此，我们今天晚上会出去品尝希腊美食，也许再吃个冰激凌。这是一个小型而重要的庆祝，庆祝我终于写完了这本书，到达了终点线。

说实话，我经常觉得自己是他们的一个负担。他们真的在意和关注那些我自己都会忽略的事情吗？答案是肯定的，他们在意。这改变了我。

昨天，汉娜说："为你取得的成就进行庆祝，我们永远都不觉得厌烦。"

我就想成为这样的朋友，这样的庆贺者。

当然，在心中为自己喝彩 3 秒钟很容易。但是像我这样举行更多的庆祝活动，你会从中受益，会了解到自己是多么喜欢和需要生活中的这些庆祝活动。

纪念这些重要的时刻，有益于我的心灵。庆祝取得的进步和重要的事情，是我可以对自己表达善意的一种方式，我至今仍在学习这种方法。此外，庆祝派对非常有趣。我是完全支持心理治疗的，我坚决拥护它。不过，即使心理治疗有改变人一生的力量，它也绝对没有庆祝派对好玩有趣。

不要错过这种简单而有趣的善待自己的方式，也不要错过为人们提供乐趣的机会。

庆祝，绝不是负担，因为你不是负担。

善待自己，善待自己，善待自己。

本章小结

- 你是自己的朋友。你应该被善待，尤其被自己善待。
- 珍视当下的自己，接纳自己，不与过去和未来的自己比较。
- 反思如何成为更好的自己。
- 今天就庆祝一项对你很重要的成就。

迈出一小步

给朋友发一条短信，告诉对方你取得的进步。你可以这样说："今天我带着三个孩子去了商场，我一次都没有吼他们，也没有迫于孩子的压力买任何东西，这太神奇了。我真为自己感到自豪。我就想跟你说说。谢谢你听我唠叨这么琐碎的事情。"

到目前为止，我们已经探讨了所有的十三条法则，现在不妨将这些法则融会贯通，试着像懒人天才一样生活吧。

像懒人天才一样生活

前面说过，你需要的不是新的任务清单，而是一种新的思维方式。现在，有了这十三条法则，不妨就用懒人天才的视角，审视你生活里的种种情形。

我们来看看具体如何操作。

永远从重要的事情开始

只有知道了什么事情是重要的，你才有可能做成这件事。但问题是，怎么才能知道哪些事情是重要的呢？

你有两个选择：全面梳理和保持觉察。

全面梳理

坐下来，打开笔记本，画出两栏，一栏设为"天才"，另一栏设为"懒人"，再把生活中的不同事情，分别填到合适的栏目下面。

在"天才"一栏中，写下让你开心、你愿意为之努力并付出时间、让你感觉自在或者对整个家庭有重大意义的事情。

在"懒人"一栏中，写下让你筋疲力尽、你一直拖延、竭力逃避的事情。

哪些让你开心，哪些让你沮丧？

写下来。找到它。

"天才"栏中的事情，让你了解什么对你很重要，那就为这些事情留些空间。

不过，这并不是唯一的方法。

保持觉察

如果把心里、日程表以及家里的每件事情都写下来让你压力太大，那就从小处着手，即在生活中保持觉察。

留意什么时候、什么工作或者哪个即将开始的项目是你愿意用懒人天才法则去处理的。不必找到每件事情的重点，只需找出一件事情的重点。

你还可以留意自己一般会在什么时候出现心情沮丧、畏缩不前以及脾气暴躁的情况。想一想，哪件事情触发了你的负面情绪？在负面情绪产生之前，有没有可以应用懒人天才法则的地方？

你可以每次只找出做一件事情的重点。

当重要的事情相互联系时

我的"天才"清单包括：整洁的环境、做饭、与朋友保持联系、让朋友来家做客时感到舒适、听音乐、欢笑、游刃有余地处理压力、庆祝活动和支持朋友、养得活的绿植，还有詹姆斯·麦卡沃伊（不过对他我也就仅仅是喜欢而已）。

在做这些事的同时，我也发现了它们之间的联系。

在我的清单中，很多事情都和我的家庭以及家人的感受密切相关。例如，音乐、一日三餐、舒适感、情感联系等，很明显我喜欢它们给自己带来的好心情。但这不仅仅是为了某种心情特意做出的安排。对我来说，这一切都跟人密切相关。

如果我清楚了自己喜欢的事情相互之间存在什么联系，那么我会把有关家庭方面对自己重要的事情提炼成一点：让每个走进我家的人都感到舒适自在。

为了重要的事情，我付出了很多的努力，而对于不重要的事情，我也有自己的小窍门。下面是我处理重要事情的一些方法：

- 摸索让身心都感到惬意的食谱，努力提高厨艺。
- 尽力保持房间整洁。
- 花大价钱买一套好的扬声系统。只需一键，动听的音乐就能填满整个房间。

- 深思熟虑后再把东西买回家。这样我可以专注于如何让房间变得更舒适，而不是费尽心力地琢磨怎么把更多的东西塞进篮子和箱子。
- 买一些绿植和蜡烛，让房间更温馨。
- 经常邀请朋友来家里吃饭，无论家里是否整洁。我总是向朋友敞开大门，也不会为家里的混乱向朋友道歉。

在清单中，我还看到了别的东西：例如欢笑、与家人和朋友保持紧密的联系等。我还注意到，我不仅希望他们在我家里能感到舒适，还希望他们在与我或者与自己的相处中感到自在，在跟我分享生活的时候也感到安全。这种感觉可能会出现在与信赖的朋友的对话中，出现在与陌生人的线上聊天中，或者出现在这本书中，此时此刻。

通过关注对自己重要的事情及其相互之间的联系，我了解了那个一直影响我做出决定的人生哲学，那就是：我希望人们跟我在一起时感到安全舒适。

当然，我还有其他愿望，但这是我最大的愿望。

这样，我就可以筛选出拥抱哪些，摒弃哪些，就知道如何才能更好地解决问题。

相较于做一个在人生路上披荆斩棘、无所不能的人，我更愿意做一个有所取舍的人，把关注的焦点放在最重要的事情上，有剩余精力的话再做其他事情。

确定并拥抱重要的事情，一切都会发生改变。

懒人天才案例：搬家

我的朋友布里是一位军嫂，每隔三年，就会和丈夫带着狗搬一次家。他们已经搬过很多次家了。对于大多数人来说，搬家是一件很痛苦的事情。那么布里如何运用懒人天才法则应对搬家呢？我们从头到尾复习一遍这十三条法则，然后找出她可以采用的方法。

一劳永逸的决定

布里搬家的哪些方面可以遵循一劳永逸的决定？每次搬家，她可以遵循相同的模式：第一周，拆除重要物件的包装；第二周，布置新家；第三周，熟悉周边环境。每搬到一个城市，她都可以这么做。通过这种方式，她可以专注于当下最重要的事情（先安定下来），并且为后面重要的事情留出空间（在新城市生活）。

从小处着手

搬家不是一件轻松的事情，很容易让人陷入一堆事务中。看着堆成山的箱子，布里和丈夫没有被艰巨的任务所吓倒，而是每次都先从一个箱子、一个房间开始整理。一次只花一小时。

提出魔法问题

搬家前，布里可以做什么让后面的工作轻松一些？她可以进行以下操作：

- 给打包的箱子贴好标签，这样后面拆箱就轻松多了。
- 考虑好常用的食谱，把一开始烹饪就要用到的厨房器具单独打包。
- 开启拆包裹的疯狂之前，先找到最近的杂货店、咖啡店和面包店，否则，到时候谁都没有精力去考虑这些问题。

活在当下

说到谁真正理解活在当下的意义，那要属军队里的人们了。

布里可以选择因为无法在一个地方扎根下来而难过，也可以选择接受当下这种辗转于不同地方的生活模式。丈夫做的是他热爱的事情。为了丈夫，她愿意尝试、适应任何新的生活。这种生活可能充满了挑战，但她也可以认识很多人。

选择活在当下，不为错过和失去的东西而失望。布里可以对自己独一无二的生活方式心存感激。

建立日常生活惯例

在人生地不熟的地方开始生活并不容易。如若再灰心丧气，一个人极易闭门不出，忘记了全新的生活正翘首以待。

尽管开启新的生活并不容易，布里仍然知道，了解这座城市，在这里安居乐业，对她真的很重要。所以她可以建立一个惯例，引导她以探索和开放的心态迎接新生活，而不是将自己孤立起来。

也许她可以开启一个简单的晨间惯例，沿着街道走到当地咖啡店喝一杯咖啡，而不是自己在家煮咖啡。这个惯例引导她走出家门，融入这座新的城市，帮助她想起在街角发现新去处的乐趣。

也许一堆需要拆包的箱子会让她感到压抑，所以她建立了一个简单的惯例：每次到家就收拾一件东西。这是一个简单有效、容易培养的惯例。时间足够时，这个惯例会引导她收拾更多的东西。

建立家庭规则

布里注意到，如果自己连续几天内都没有与除了丈夫杰里米以外的其他人说过话，她的沮丧情绪就会爆发。她需要和其他人进行互动！但是身处陌生的城市，一个人很难鼓起勇气去寻找这样的机会，尤其是感觉家里还有很多事情要做的时候。

于是她建立了一条新的家庭规则：几乎每天布里都会告诉一位陌生人（在安全的前提下），她刚搬到这座城市，问对方有没有好的咖啡店或餐厅可以推荐。

当然，跟陌生人成为一生的朋友这种可能性不大，但会让她觉得与这个城市的某个人建立了联系，并感受到这种简单的互动带来的放松。现在她有了这条新家庭规则，这条规则让她每天都可以与外界发生互动。

让每件物品物归原位

搬到一个新的城市，迁居到一个新家的妙处在于，你有机会为所有物品重新安排位置。但问题是，所有物品都没有确定的位置，你必须为它们确定一个位置。但是，能够主动去做这件事，还是有好处的。

布里可能盘算着把所有物品先塞进抽屉和橱柜，以后再找时间收拾，但是她很快就会后悔。现在收拾确实有点儿费时，也让人心烦，但是布里可以按照懒人天才法则来让每样东西物归其位。这样她就能比预想中更快得到回报。

敞开心扉

在新的城市，向陌生人敞开心扉很难。谁都不认识，你怎么敞开心扉？

首先，布里可以让以前的老朋友陪她一起分担当下的孤独。她没有必要独自承受，可以选择倾诉。

其次，她可以冒险主动出击，邀请新认识的人到家里共进晚餐。这个人可以是她的邻居，也可以是在教堂或健身房刚刚结识的朋友，甚至可以是买咖啡时一起排队的一个女人。

也许这是搬家时最难执行的方法，但这也是最重要的法则之一。要想让一个地方待得舒适，必须得向别人敞开心扉。

布里可以从小处着手，主动出击。

分批处理

拆包裹是应用分批处理最好的情形。把一个箱子里的东西全部拿出来，分批归置位置，而不是毫无规划，拿出一件收拾一件，一遍又一遍地折腾。

精要处理

在搬离上一个家时，布里可能采用了精要处理的方法，把精力放在打包那些真正重要的东西上。搬家促使你确定重要的事物，而且只留下那些支撑重要事物的精要物品。

按照正确的顺序做事

记住，正确的顺序总是从重要的事情开始，再平复自己的情绪，最后相信自己。

对于布里和丈夫来说，与邻居交往和让自己舒适自在都非常重要。

他们如何应对这中间引发的混乱？在这种情况下，让他们抓狂的事可能是不知道如何挑选到合适的社区和合适的房子。如果选错了怎么办？如果选好了房子，又后悔了怎么办？

为了避免出现这种烦恼，他们在到达新城市的几周内，可以先住在自己喜欢的社区里的爱彼迎（Airbnb，一家旅行房屋租赁社区）出租房里。这种方法听起来并不能解决问题，但是如果社区真的对他们很重要，那么确定重要事情，并且相信这种近距离接触社区的方法能帮到自己，可以避免以后的麻烦。[01]

适时休息

搬到新的地方，休息是一个大问题。

---

01 顺便提一下，布里是真实的人，她实际上就是这么做的。我到现在都认为她做得太棒了。

长途旅行和拆除行李包裹，让布里感到精疲力竭，而改变带来的压力也让她心力交瘁。

这时候休息对她非常关键。不管有多少事情需要处理，布里仍然可以每周抽出一天用来休息。她和丈夫每周腾出两三个晚上，放下那些没有拆包的箱子，心无旁骛地牵着狗到市中心散散步。

通过给予休息足够的重视，布里抓住了重要的事情（心中获得了安宁）。因为充分的休息和精力的恢复，她后来才有精力去完成更多的任务。

善待自己

这是布里运用懒人天才法则最出色的地方。

搬家的过程中要面临很多压力。有一些是隐性压力，例如多久才能交到朋友，多长时间才能把家里布置得如她所愿，她和丈夫如何轻松地适应这种变化。

当然，不可能事事如愿。布里可能会感到孤独、沮丧，甚至有些怨恨：自己居然过着这样的生活。

这时布里可以善待自己，爱惜真实的自己和当下的生活。她可以记录生活中的点点滴滴，比如与邻居通过邮箱聊天，或者没用地图导航就找到了杂货店等。每到周末还可以和丈夫一起举杯庆祝新生活。

善待自己，她才会更加善待他人。

一个简单案例：学习烹饪

也许你想尝试点儿新事物，比如说烹饪，但是想想都觉得这是一件很复杂的事情。与其在开始前放弃，不如一开始就用上"懒人天才法则"。

一劳永逸的决定

反复做同样的六道菜，做到你信心满满为止。

从小处入手

从最基本的做法开始，比如意大利面的家常做法，不要觉得尴尬。

提出魔法问题

早上做好准备工作，这样晚上就不会着急上火，可以专心做晚饭。

活在当下

包容在旁边捣乱的孩子，享受和孩子在一起的时光。随着四季变化调整饮食节律，夏天的时候就做汉堡，冬天的时候就炖肉。

建立日常生活惯例

每天早晨煮咖啡时，提醒一下自己晚餐的计划。

建立家庭规则

做饭时就把围裙系上，让自己有明确的目标。

让每样东西物归原位

把厨具放在能轻松拿到的位置，做饭时就不必手忙脚乱地四处寻找。

敞开心扉

邀请别人来家里吃饭，即使你认为自己做得不好吃。做得好不好吃都不重要。

分批处理

如果你很讨厌切菜，可以在周日把一周内所要用的蔬菜全部切好，这样一周内的其他时间就无须考虑这件事。

精要处理

别买一大堆新锅，一两个就足够你用了。

按照正确的顺序做事

在厨房里最重要的是保持镇定和自信。降低标准，相信自己，有助于平复情绪。

适时休息

别每天晚上都做饭。适时休息一下也不错。

善待自己

学习一项新技能并不容易，你可以庆祝自己取得的成绩，也不必为没有做到的而懊恼不已。

写在最后

最后，我还想说两点。

首先，永远不要为对自己重要的事情而感到内疚。外出就餐，享受城市生活，与陌生人交往，做派对的主角，如果这些活动对你来说很重要，尽管这跟别人喜欢的事情——与家人共进晚餐，九点就休息——不一样，你也千万不要因此就认为这种生活是不对的。对于不同的人，重要的事情是不同的。找到对你来说很重要的事情。你认为重要，它就重要。

其次，现在的你就是最好的。不要再试图成为理想的、未来的自己，不要再背负原本不想承受的负担。工作也好，任务清单也好，努力也好，所有这些为了讨好他人而做的事情，都让它见鬼去吧。现在的你，就是最好的自己。

…………

现在我们回到海滩上。

你要做的，不是捡起铲子和水桶，而是拿起沙滩椅，慢慢地走到海边，把椅子放在柔软的沙滩上，坐好。

安心坐着。

感受着一波又一波的海浪慢慢地将椅子深陷沙中，你稳稳地坐在上面。不要试图让海浪涌动得更快或者让周围的沙子堆得更高。只要静静地坐在那里，感受这份宁静。感受自己渺小的美好。

我在沙滩上最喜欢做的事就是同时感受沙滩的喧闹和寂静。这很奇怪，对吧？海风卷起巨大的海浪，发出震耳欲聋的声响，淹没了周围人的说话声和欢笑声。然而，海滩上的声音最能让人平静下来，具有极强的镇定和安宁之力。

当我们安静下来体会那份静止时，更容易听到永恒的心声。

无须刻意为之，也无须跟别人比较。我们静坐的时间越长，陷入沙中越深，就越有激情邀请其他疲惫的朋友带着自己的沙滩椅，加入我们的行列中。

设想一下，我们成了一代能与真实的自我和谐相处的女性。我们彼此鼓励，挣脱束缚，努力接近最真实的自我，并热切地向往着这样的世界。

别太辛苦了，朋友。

别制订庞大的计划。

你不是天生就注定要追求各种没完没了的目标。你太累了，因为你试图征服整个世界。上天早有安排，我们只需要振作起来。

　　你可以选择努力完成日程安排。处理各项琐事，满足荒诞的期望，你也可以活在当下，接纳当下的自己。

　　亲爱的朋友，请记住，你是被爱的，被关注的。现在的你，就是最好的自己。

　　我饱含热泪，感谢你。我的这些文字能够进入你的世界，这是我一生最大的荣耀。

　　我为你加油。

致谢

过去，我以为一本书的致谢应该是最容易的部分。事实证明，找到合适的话语来感谢所有陪伴我写完这本书的亲朋好友是非常困难的。我找不到合适的词语来表达自己对他们的感谢。

我首先要感谢的是懒人天才社区。我把这本书献给这个社区的每个人。没有你们，就没有这本书的诞生。感谢你们收听播客节目，做"家常鸡肉"，你们用各种独特的方式鼓励我，而这种鼓励方式对我的影响远超你们的想象。感谢你们的善意和问题，感谢你们告诉我如何把完美的詹姆斯·麦卡沃伊的动图文件放在 Instagram 插件里。你们太棒了，我真希望自己能为你们所有人烤点儿曲奇饼干，以表达我的谢意。

衷心感谢瓦特布鲁克出版社负责本书的各位同仁：苏珊·特贾登（Susan Tjaden）帮我修改文字，约翰娜·伊恩伍德（Johanna

Inwood）关心营销的特点特征，而莉萨·比奇（Lisa Beech）和切尔西·伍德沃德（Chelsea Woodward）则负责营销内容的输出，还有其他从未谋面却为本书的面世努力付出的工作人员。谢谢你们，真的非常感谢。

莉萨·杰克逊（Lisa Jackson），你一直支持我的工作。感谢你容忍我随时随地给你发送信息，感谢你在我犯错时仍然信任我。你不仅是我的经纪人，更是我的朋友。

利娅·贾维斯（Leah Jarvis），你是我的好帮手。感谢你辞职专门为我工作，你对我的了解有时候超过我自己。你是一个开心果，你能为我工作，是我最大的荣幸。

埃米莉·P·弗里曼，如果没有你，我真的不知道该怎么办。从本书的筹备到写作及写作中间的所有事情，你提供了太多的帮助，感谢你言我所未言，见我所未见。你是我通往奥兹国（Oz）的大门。正是因为你，我才得以进入这个多姿多彩、千奇百怪的世界来分享我的想法。在这个世界里，我比以往任何时候都更真实、更自在。如果没有你，我所做的事情、所取得的进步以及实现的梦想都不会存在。你就像上天的恩赐，我爱你。

杰米·B·戈尔登（Jamie B. Golden），如果我没有发邮件自荐做你的朋友，现在会是什么情形呢？如果没有结识你，我的世界是多么可悲。我的朋友，你就是一个惊喜，让我认识到了庆祝的价值和可能性的美妙。你是我认识的最有趣的人，我也因你而变得更好。

布里·麦科伊（Bri McKoy）和劳拉·特里梅因（Laura Tremaine），你们和杰米是实现我梦想的策划团队，谢谢你们听我唠叨一些琐碎的事情，帮我解决业务问题，感谢你们给我发送我的播客节目排名的截图，祝贺我取得的成绩。你们是最棒的，我太爱你们了。

麦奎琳·史密斯、卡罗琳·特塞尔（Caroline Teselle）、特斯·奥森蕾德（Tsh Oxenreider）和埃米莉·P·弗里曼，你们的智慧大智若愚。从北卡罗来纳州到伦敦，我们共度的那些或长或短的时光，有过的那些沟通交流都让我心存感激，也深刻地影响了我的工作和生活。能跟你们成为朋友，是我的荣幸。

艾琳·穆恩（Erin Moon），你是网上最酷的妞儿，也是我可以求助的缪斯女神。你让我的工作更有条理，让我的生活更欢乐，其可能超出了你的想象。真的很高兴，互联网让我们认识了彼此。

诺克斯·麦科伊（Knox McCoy），你是一名优秀的编辑，在写作本书的过程中，你给我的鼓励特别有帮助。感谢你出色的工作能力，感谢你提出了很多宝贵的意见，另外，你也是一个超级棒的人。

安妮·伯格尔（Anne Bogel），在本书的写作过程中，你对我的及时督促，既让人不安，又令人惊叹。感谢你如此忠实地支持我。

我要感谢在这个过程中一直陪伴我的音乐人和乐队：彭妮与斯帕罗（Penny & Sparrow）乐队、水之声（Songs of Water）乐队、斯洛·梅多（Slow Meadow）、吉他手日落（Gloaming）、亚斯敏·威廉斯（Yasmin Williams）、钢琴家奥拉维尔·阿尔纳德斯（Ólafur Arnalds）、白墨河（Balmorhea）乐队。我向你们表达最深的谢意和崇高的敬意。没有音乐，我就觉得不自在，多谢你们在我抓狂的时候助我回归理性。

感谢"希望教堂"（Hope Chapel）这个非常棒的教会大家庭和社区团体，你们总是在我最艰难的时候给我支持和帮助，和你们在一起真的太棒了，总是带给我惊喜。真的很爱你们。

伊丽莎白·斯温（Elizabeth Swing）和查利·斯温（Charlie Swing）、安德拉亚·诺思拉鲁普（Andraya Northrup）和丹尼尔·诺思拉普（Daniel Northrup）、格里芬·卡勒（Griffin Kale）和埃林·卡勒（Erin Kale），感谢你们总是以我意想不到的方式鼓励我。你们是我最棒的朋友。

贾森·温莎（Jason Windsor）和艾丽莎·温莎（Alisa Windsor），我一直记得我在为撰写本书而辛苦努力时，你们被告知，艾丽莎怀孕了，阿利斯泰尔（Alistair）就是你们共同努力的结果。你们能够成为我的朋友，给予我工作上这么大的支持和这么长久的鼓励，陪我走过这几年的风风雨雨，这些都是上天的恩赐。我爱你们，感谢上天让你们拥有了可爱的宝宝。

汉娜·范·帕特（Hannah Van Patter），感谢你在我桌子上留的便条，给我做的生日蛋糕以及我赶任务时帮忙做的家庭晚餐。感谢你亲切、坚定的友谊。你真的太好了，我都不知道如何感激你对我的爱。迈克尔（Michael），为你执着地给我们送来的比萨饼而欢呼，也感谢你帮我砌了那堵墙。我们一家人都爱你们，我们迫不及待地想和你们一起携手走过漫漫人生路。谢谢你们总是挺身而出。

妈妈和乔恩（Jon），感谢你们总是如此支持自己的孩子，感谢你们在我写这本书的过程中虔诚地为我祈祷，感谢你们为我感到骄傲，没有别的原因，就因为真实的我。我爱你们。

汤姆（Tom）和诚子（Seiko），感谢你们在我忙于工作、追求梦想时，经常为卡兹和孩子们做饭吃。你们是最好的公公婆婆，谢谢你们。

感谢卢克（Luke）、汉娜（Hannah）、伊美（Imi）、赛拉斯（Silas）、迈尔斯（Miles）、玛特（Matt）、朱莉（Julie）、摩根（Morgan）、艾娃（Ava）、肯尼迪（Kennedy）、艾玛琳（Emmaline）、耶利米（Jeremiah）、克里斯（Chris）、贝姬（Becky）、艾维（Ivy）、泰（Tet）、见二（Kenji）、克里斯蒂娜（Christine）、卡丽丝（Charis）、阿拉娜（Alana）和德里克（Derek），你们就像我的家人一样，我何其幸运。

汉娜·科迪（Hannah Kody），你对我的经历如数家珍，比我更了解我自己。感谢你帮我理清思路，理解我少有人懂的幽默，感谢你了解真实的我并因此更加爱我。简而言之，你是最好的。我把你当成妹妹一样爱你（因为你确实就是我的妹妹），真高兴我们能成为朋友。

萨姆、本和安妮，毫无疑问，你们是最酷、最善良的孩子。我全心全意地爱着你们。作为你们的妈妈，我深感荣幸。

卡兹，我在书中一再提到你。你的爱让我重新找到生活的力量，是我最安全的港湾。我爱你，放在最后才感谢你，是因为你真是个讨厌的家伙。